经济林
病虫害防治
——
JINGJILIN BINGCHONGHAI FANGZHI

U0188110

主　编／杨航宇　周璐琼／

副主编／王淑荣／

重庆大学出版社

内容提要

本书在充分调研的基础上，按照学生认知规律、生物学规律和职业发展规律设计了三个递进式的教学模块，即基础知识模块（认识经济林昆虫与病害）、基本技能模块（经济林病虫害的测报与防治）、综合应用模块（经济林常见病虫害防治），三个模块下设9个工作领域、30个任务。学习内容由浅入深、由单一到综合、由简单到复杂，循序渐进，逐步提升。本书内容设置既与当前经济林病虫害防治职业岗位工作任务相吻合，也与学生未来发展方向相衔接。

图书在版编目（CIP）数据

经济林病虫害防治/杨航宇，周璐琼主编. -- 重庆：
重庆大学出版社，2022.9
ISBN 978-7-5689-3490-9

Ⅰ.①经… Ⅱ.①杨…②周… Ⅲ.①经济林—病虫害防治 Ⅳ.① S763

中国版本图书馆CIP数据核字（2022）第149994号

经济林病虫害防治

主　编　杨航宇　周璐琼
副主编　王淑荣
策划编辑：龙沛瑶

责任编辑：杨育彪　版式设计：龙沛瑶
责任校对：夏　宇　责任印制：张　策

*

重庆大学出版社出版发行
出版人：饶帮华
社址：重庆市沙坪坝区大学城西路21号
邮编：401331
电话：（023）88617190　88617185（中小学）
传真：（023）88617186　88617166
网址：http://www.cqup.com.cn
邮箱：fxk@cqup.com.cn（营销中心）
全国新华书店经销
重庆俊蒲印务有限公司印刷

*

开本：787mm×1092mm　1/16　印张：12.5　字数：252千
2022年9月第1版　2022年9月第1次印刷
ISBN 978-7-5689-3490-9　定价：40.00元

"经济林病虫害防治"是一门人类与病虫等自然灾害作斗争的经验总结的课程。人类在长期斗争中，观察了解了病虫的生物生态学特性，掌握了其发生发展规律，探索出预测预报方法，同时结合实践经验，采取有效的措施，控制病虫对经济林的为害，使损失降到最低。

汉代在《尹都尉书》中就记载了用药剂浸种、草木灰拌种、晒种和烫种等处理种子的方法。1 700多年前，晋朝嵇含所著的《南方草木状》一书，对利用黄猄蚁防治柑橘害虫已有比较详细的科学记载，并沿用至今。它是人类进行生物防治的最早记载。2 000多年前，我国劳动人民已知道应用汞剂、砷剂、藜芦等药剂防治害虫。1 000多年前，又将硫黄、铜、油粕等作为防治病虫害的药剂。

中华人民共和国成立后，党和政府十分重视农林业生产，分别在不同时期有针对性地提出了防治病虫害的方针政策，特别是在1975年提出的"预防为主，综合防治"的植物保护方针，使病虫害防治工作进入了一个新阶段。

近年来，随着我国经济的腾飞，经济林也发生了巨大的变化，栽植面积逐年增长，品种推陈出新，栽培方式不断改进，产量和质量都上了一个新台阶，成为国民经济的重要组成部分。但在其生长发育过程中不断受到病虫害的侵扰。联合国粮食及农业组织调查统计，全球因病虫为害造成了巨大损失：粮食作物约20%，棉花约30%，果树约40%。如由于枣疯病的为害，山西稷山的板枣已近2/3濒于死亡，故有人称病虫害为"看不见的火灾"。因此，病虫害防治工作必须引起有关部门的足够重视。

目前为适应市场需求，经济林已在生产结构、经营管理等方面进行了大的改革调整，增加了名、特、优品种比例。在科学技术飞速发展的今天，为了保持生态平衡，使环境免受破坏，农产品不受污染，达到确保人类安全的目的。人们对传统的用药制度从观念上发生了改变，对病虫害防治提出了更高的要求。如加大高效、低毒、无污染新型制剂的使用力度，配合应用以虫治虫等生物防治、农业防治、膜袋保护（生物膜、纸袋、塑膜袋）等综合技术。目前人们已不再使用国家禁用的化学农药，对蚜、螨、潜叶蛾、食心虫等已产生高抗性的有机磷类和菊酯类药剂也逐渐停止使用。

"经济林病虫害防治"也是经济林培育与利用专业的一门必修课。它以数学、物理、化学为基础，结合经济林栽培学、遗传育种学、气象学、土壤学、微生物学、数理统计等，综合性较强。因此，要想学好这门课，既要有广博、坚实的基础知识，还要有吃苦耐劳、持之以恒的敬业精神。在教学过程中，要注意其直观性和实践性，重视基础理论知识，加强实验、实践技能的训练，密切联系当前、当地的生产实际，尽快找出适合本地区安全、有效、经济的病虫害综合防治措施。加强绿色产品的生产观念，逐步与世界先进国家的经济林产品生产标准接轨，使经济林病虫害防治由经验阶段上升到实验科学阶段。

本书由甘肃林业职业技术学院杨航宇、周璐琼任主编，负责起草编写提纲，选择编写内容，确定编写体例，并对全书进行统稿；由王淑荣任副主编，协助主编做了大量的统稿和组织管理工作。全书具体编写分工为：周璐琼负责模块一中工作领域一、二，模块二中工作领域二任务四、五及工作领域三、四，模块三中工作领域一的编写；王淑荣负责模块二中工作领域一的编写；汤春梅负责模块二中工作领域二任务一、二、三的编写；米莹、张彩霞负责全书数字资源的整理和编辑；杨航宇负责模块三中工作领域二的编写；裴宏洲、裴会民主要负责模块三中工作领域三的编写及部分实践案例的收集工作。

由于编者水平有限，书中不足之处在所难免，望读者予以批评指正。另外，本书引用了参考文献中的大量资料，在此谨对原作者表示衷心的感谢。

编　者
2021年12月

目 录

模块一　认识经济林昆虫与病害

工作领域一　认识经济林昆虫

◎技能目标

1.会正确使用体视显微镜。

2.会正确区分昆虫与其他节肢动物。

3.会准确判别昆虫成虫的口器、触角、足、翅的类型。

4.会识别咀嚼式口器为害状与刺吸式口器为害状。

5.会准确判别昆虫的变态类型及幼虫、蛹的类型。

6.会使用检索表鉴别森林昆虫主要类群。

任务一　昆虫外部形态观察

一、任务验收标准

①会正确使用体视显微镜。

②会正确区分昆虫与其他节肢动物。

③会准确判别昆虫成虫的口器、触角、足、翅的类型。

④会识别咀嚼式口器为害状与刺吸式口器为害状。

二、任务完成条件

蝗虫、蝉、蜘蛛、蝎子、蜈蚣、马陆、虾、蟹、鳞翅目幼虫等浸渍标本；蝗虫、蝼蛄、螽斯、蜜蜂、蝉、粉蝶、豆象雄虫、蝽象、螳螂、叩甲、天牛、象甲、步甲、豆象雄虫、小蠹虫、金龟甲、家蝇、夜蛾、蚕蛾和天蛾等针插标本；昆虫口器、触角、足、翅的玻片标本。

扩大镜、体视显微镜、镊子、解剖针等。

三、任务实施

（一）体视显微镜的使用与保养

1.认识体视显微镜的基本构造

体视显微镜是观察小型昆虫、器官和组织，解剖标本的重要光学仪器，其视野中的物体可以放大为正像，而且具有明显的立体感。

体视显微镜的类型很多，但其基本结构相同。常用的有Ms1型体视显微镜和XTL-1型体视连续变倍显微镜（图1-1）。它们基本是由底座、支柱、镜体、目镜套筒及目镜、物镜、调焦螺旋、紧固螺丝和载物圆盘等组成。但XTL-1型实体连续变倍显微镜具有先进的变化倍率结构和可变透镜距离的调教套筒，有转动环带动套筒，可进行连续变倍，无离焦现象，操作方便。

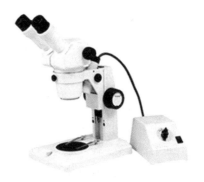

图1-1 体视显微镜

2.使用体视显微镜观察物体

两种体视显微镜的使用方法基本相同，只是XTL-1型实体连续变倍显微镜采用转动变倍物镜旋转器（俗称转盘）的方法，无级渐次放大，其放大倍数是连续的。而Ms1型则采用旋转筒更换法，其放大倍数是阶梯性的。现以XTL-1为例说明其使用方法：

①把被观察物体放在载物圆盘上，裸露标本和浸渍标本必须先放在载玻片上或培养皿中，然后放在载物圆盘上，把放大环（又称变倍数值度盘）上刻度值"1"对准环下面的标志。

②转动左、右目镜座，调整两目镜间距，再调整工作距离，松开紧固手柄（或弹簧支柱紧固螺丝），使镜体缓慢升降至看见焦点为止，然后紧固手柄。最后用调焦手轮（或调焦螺旋）调至物像清晰为止。

③如需变换倍数，可用手旋转变倍转盘，观察放大指示环下面的标记，直至所需倍数为止。需要放大80倍以上，则需装上2×大物镜，并调于较短的工作距离。

④两目镜各装有调度调节机构，可根据使用者两眼视力的不同进行调节。

3.体视显微镜的保养措施

①体视显微镜必须置于干燥、无灰尘、无酸碱蒸气的地方，特别应做好防潮、防尘、防霉、防腐蚀的保养工作。

②移动体视显微镜时，必须一手紧握支柱，一手托住底座，保持镜身垂直，轻拿轻放。使用前需要掌握其性能，使用中按规程操作，使用后清洁镜体，按要求放入镜箱内。

③透镜表面有灰尘时，切勿用手擦，可用吹气球吹，或用干净的毛笔、擦镜纸轻轻擦。透镜表面有污垢时，可用脱脂棉蘸少许乙醚与酒精的混合液或二甲苯轻轻擦净。

④注意轻拿轻放。

（二）昆虫外部形态观察

1.昆虫纲特征及昆虫躯体各部位观察

观察虾、蟹、蜘蛛、蜈蚣等，了解昆虫纲与其他节肢动物的主要区别（表1-1）。

表1-1　节肢动物门主要纲的区别

纲 名	体躯分段	复眼	单眼	触角	足	翅	生活环境	代表种
昆虫纲	头、胸、腹	1对	0~3个	1对	3对	2对或0~1对	陆生或水生	蝗虫
蛛形纲	头胸部、腹部	无	2~6对	无	2~4对	无	陆生	蜘蛛
甲壳纲	头胸部、腹部	1对	无	2对	至少5对	无	水生、陆生	虾、蟹
唇足纲	头部、胴部	1对	无	1对	每节1对	无	陆生	蜈蚣
重足纲	头部、胴部	1对	无	1对	每节2对	无	陆生	马陆

教师指导学生认真观察供试昆虫标本，分辨其中哪些是昆虫，并说明原因。

观察蝗虫的头部、胸部、腹部（图1-2）。头部分节现象消失，为一完整坚硬的头壳，其上生有1对复眼，3个单眼，两复眼内侧还生有1对触角。胸部分前足、中足、后胸3节，每一胸节有4块骨板，即背板、腹板和两块侧板；各胸节具胸足1对，分别称前、中、后足，在背面有两对翅，前翅着生于中胸，后翅着生于后胸。腹部共11节，每节仅2块骨板——背板和侧板，节与节之间以膜相连，雌性蝗虫第8、9节的腹板上生有凿状产卵器。

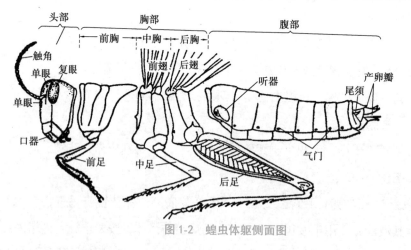

图 1-2　蝗虫体躯侧面图

昆虫纲的
主要特征

昆虫的头部
及其附器

2.昆虫的头式观察

①下口式。口器向下着生，头部的纵轴与身体的纵轴大致呈直角。

②前口式。口器在身体的前端并向前伸，头部纵轴与身体纵轴呈一钝角甚至平行。

③后口式。口器由前向后伸，几乎贴于体腹面，头部纵轴与身体纵轴呈锐角。

观察供试各标本，这些标本各属于什么头式？

3.昆虫口器基本结构与类型观察

①咀嚼式口器。观察蝗虫的头部，用镊子将口器各部分依次取下，放在白纸上，仔细观察各部分形态：上唇是位于唇基下方的一块膜片；上颚1对，为坚硬的锥状或块状物；下颚1对，具下颚须，下唇左右相互愈合为1片，具有下唇须，舌位于口的正中线中央，为一囊状物（图1-3）。

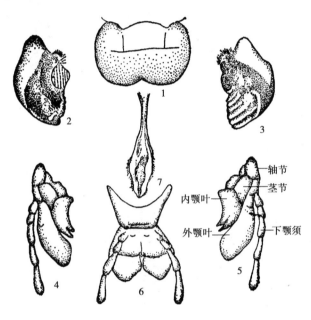

图 1-3 蝗虫的咀嚼式口器

1—上唇；2、3—上颚；4、5—下颚；6—下唇；7—舌

②刺吸式口器。观察蝉的口器，触角下方的基片为唇基，分前、后两部分，后唇基异常发达，易被误认为是"额"；在前唇基下方有一个三角形小膜片，即上唇；喙则演化成长管状，内藏有上、下颚特化成的4根口针。

③虹吸式口器。观察粉蝶的口器，可看到一个卷曲的似钟表发条一样的构造，它是由左、右下颚的外颚叶延长特化、相互嵌合形成的一条中空的喙，为蛾、蝶类昆虫所特有。

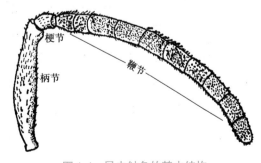

4.昆虫触角的基本结构与类型观察

观察供试标本，区分柄节、梗节、鞭节3部分，判别其触角类型（图1-4）。触角是昆虫重要的感觉器官，触角表面有许多感觉

图 1-4 昆虫触角的基本结构

器，具嗅觉和触觉的功能，昆虫借以觅食和寻找配偶。昆虫触角的形状因昆虫的种类和雌雄不同而多种多样（图1-5）。

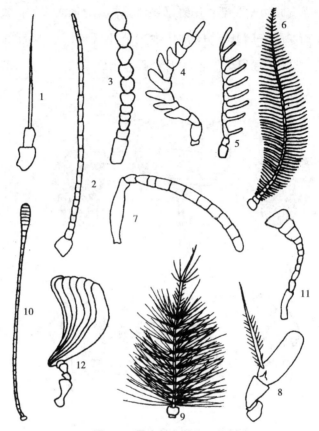

图 1-5　昆虫触角的主要类型

1—刚毛状；2—丝状；3—念珠状；4—锯齿状；5—栉齿状；6—羽毛状；

7—膝状；8—具芒状；9— 环毛状；10—球杆状；11—锤状；12—鳃片状

①丝状。细长，基部1、2节稍大，其余各节大小、形态相似，逐渐向端部缩小。

②刚毛状。短小，基部1、2节较粗，鞭节突然缩小似刚毛。

③念珠状。鞭节各节大小相近，形如小珠，触角好像一串珠子。

④锯齿状。鞭节各节向一侧突出成三角形，像锯齿。

⑤栉齿状。鞭节各节向一侧突出很长，形如梳子。

⑥鞭状。基部膨大，第2节小，鞭节部分特长，较粗如鞭。

⑦羽毛状。鞭节各节向两侧突出，形似羽毛。

⑧球杆状。鞭节细长如丝，端部数节逐渐膨大如球状。

⑨锤状。鞭节端部数节突然膨大，形状如锤。

⑩鳃片状。端部3～7节向一侧延展成薄皮状叠合在一起，可以开合，状如鱼鳃。

另外还有具芒状，一般3节，短而粗，末端一节特别膨大，其上有1根刚毛状结构，称为触角芒，芒上有时还有细毛，以及环毛状，鞭节各节有一圈细毛，近基部的毛较长。膝状，柄节特别长，柄节短小，鞭节由大小相似的节组成，在柄节和鞭节之间成膝状弯曲。

昆虫的外部
形成与构造

5.昆虫足的基本结构与类型观察

昆虫足的基本结构由基节、转节、腿节、胫节、跗节和前跗节6部分组成（图1-6）。观察供试标本，判别其足的类型。

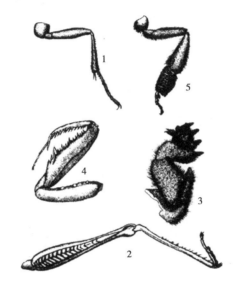

图 1-6　昆虫足的基本结构（仿周尧、彩万志）
1—步行足；2—跳跃足；3—开掘足；4—捕捉足；5—携粉足

①步行足。没有特化，适于行走。

②开掘足。一般由后足特化而成，胫节扁宽，外缘具坚硬的齿，便于掘土。

③跳跃足。一般由后足特化而成，腿节发达，胫节细长，适于跳跃。

④携粉足。后足胫节端部宽扁，外侧凹陷，凹陷的边缘密生长毛，可以携带花粉，称花粉篮。第1节跗节膨大，内侧有横列刚毛，可以梳集黏附在体毛上的花粉，称花粉刷。

⑤游泳足。一般由中足和后足特化而成，各节扁平，胫节和跗节边缘着生多数长毛，适于游泳。

⑥捕捉足。由前足特化而成，集节延长，腿节的腹面有槽，胫节可以弯折嵌合于内，用以捕捉猎物。有的腿节还有刺列，用于抓紧猎物。

昆虫胸部
构造及附器

⑦抱握足。其跗节特别膨大，上有吸盘结构，借以抱握雌虫。

6.昆虫翅的基本结构与类型观察

翅的外形观察：取夜蛾前翅认识翅的三缘、三角、四区（图1-7）。用镊子小心地取下夜蛾、粉蝶，蜜蜂的前、后翅，注意观察它们的翅间连锁方式。然后将夜蛾置于培养皿中，滴几滴煤油浸润，用毛笔在解剖镜下将鳞片刷去，观察翅脉。观察供试标本翅的类型（图1-8）。

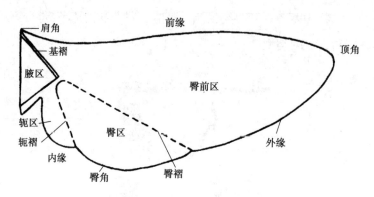

图 1-7　昆虫翅的分区

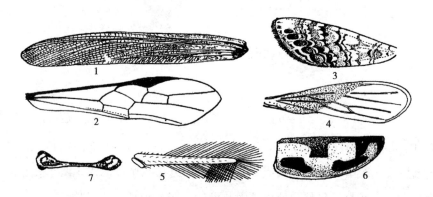

图 1-8　昆虫翅的类型

1—复翅；2—膜翅；3—鳞翅；4—半鞘翅；5—缨翅；6—鞘翅；7—平衡棒

①复翅。翅形狭长，革质。

②膜翅。薄而透明或半透明，翅脉清新。

③鳞翅。膜质的翅面上布满鳞片。

④半鞘翅。翅基半部角质或革质硬化，无翅脉，端半部膜质有翅脉。

⑤缨翅。翅膜质，狭长，边缘着生很多细长的缨毛。

⑥鞘翅。质地坚硬，无翅脉或不明显。

⑦平衡棒。后翅退化成棒状，起平衡作用。

7.昆虫腹部及附器观察

（1）昆虫腹部特征及功能

腹部是昆虫的第三体段，紧连于胸部。昆虫的消化道和生殖系统等内脏器官及组织都位于其中，腹部是昆虫的代谢和生殖中心。

昆虫腹部一般呈长筒形或椭圆形，但在各类昆虫中常有很大变化。成虫的腹部一般由9～11节组成。腹部除末端有外生殖器和尾须外，一般无附肢。腹节的构造比胸节简单，有发达的背板和腹板，但没有像胸部那样发达的侧板，两侧只有膜质的侧膜。腹节可以互相套叠，后一腹节的前缘常套入前一腹节的后缘内。因此，能伸缩，扭曲自如，并可膨大和缩小，有助于昆虫的呼吸、蜕皮、羽化、交配产卵等活动。观察蝗虫腹部的背板、腹板、侧膜。

（2）昆虫外生殖器观察

昆虫腹部的末端着生外生殖器，雌性外生殖器称产卵器，雄性外生殖器称交配器。

雌性外生殖器（产卵器）。产卵器一般为管状构造，着生于第8、9腹节上。产卵器包括：一对腹产卵瓣，由第8节附肢形成；一对内产卵瓣和一对背产卵瓣，均由第9腹节附肢形成（图1-9）。

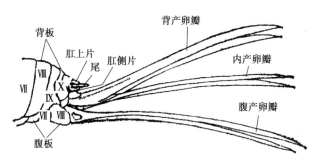

图 1-9 雌性产卵器基本构造

一般昆虫的产卵器由其中两对产卵瓣组成（另一对退化）。在体视显微镜下，观察蝗虫的产卵器发现，其由背产卵瓣和腹产卵瓣组成（图1-10）；观察蝉类的产卵管由腹产卵瓣和内产卵瓣形成。蛾、蝶、甲虫等多种昆虫没有产卵瓣，只能将卵产在裸露处、裂缝处或凹陷处。根据产卵器的形状和构造，可以了解害虫的产卵方式和产卵习性，从而采取有针对性的防治措施。

雄性外生殖器（交配器）。其构造较产卵器复杂，常隐藏于体内，交配时伸出体外，主要包括将精子输入雌性的阳茎及交配时抱握雌体的抱握器（图1-11）。了解昆虫的外生殖器，不仅对分辨雌雄昆虫，掌握虫情非常必要，而且是昆虫分类的重要依据之一。

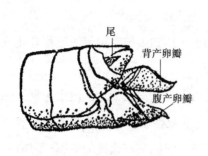

图 1-10 蝗虫雌性外生殖器

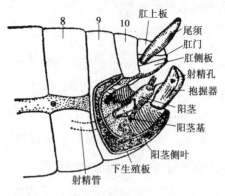

图 1-11 雄性外生殖器基本构造图
（侧面观，示其构造）

四、任务评价

本任务评价表如表1-2所示。

表1-2 "昆虫外部形态观察"任务评价表

工作任务清单	完成情况
体视显微镜的使用与保养	
昆虫外部形态（触角、足、翅等主要附器）观察	

任务二 昆虫生物学特性观察

一、任务验收标准

①会准确判别昆虫的变态类型。

②会准确判别昆虫的幼虫、蛹的类型。

③掌握常见昆虫的世代和生活史。

二、任务完成条件

蝗虫、蠐象、天牛、瓢甲、金龟甲、松毛虫、天蛾、蝴蝶等的幼虫浸渍标本；天牛、象甲、金龟甲、家蝇、蜜蜂、胡蜂、粉蝶、松毛虫、夜蛾、蚕蛾和天蛾等蛹的浸渍标本；蝗虫、蝼蛄、螽斯、蠐象、蝉、螳螂、豆象雄虫、叩甲、天牛、象甲、步甲、金龟甲、蜜蜂、家蝇、粉蝶、松毛虫、夜蛾、尺蛾、毒蛾和天蛾等成虫针插标本；蝗虫、蜡象、蝉、蜻蜓、雄性介壳虫、天牛、金龟甲、松毛虫、蝴蝶等的生活史标本。

扩大镜、体视显微镜等。昆虫生物生态学多媒体课件。

三、任务实施

(一) 昆虫变态类型观察

1.不完全变态

昆虫一生经过卵、幼虫、成虫3个虫态（图1-12）。以蝗虫、蜡象的生活史标本为材料，观察不完全变态昆虫的一个世代所经过的几个虫期。注意若虫和成虫在形态上有何差异，翅是否在体外发育，它属何种变态？观察蜻蜓生活史标本，注意稚虫为水生，具直肠鳃等临时器官的特点，它属何种变态？观察雌性介壳虫生活史标本，注意在幼虫至成虫之间有一个不取食的静止时期，类似"蛹"，它属何种变态？

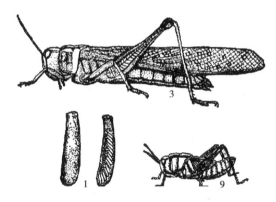

图 1-12 昆虫的不完全变态
1—卵袋及其剖面；2—若虫；3—成虫

2.完全变态

昆虫一生经过卵、幼虫、蛹、成虫4个虫态（图1-13）。以蛾蝶类、甲虫类等生活史

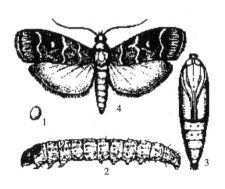

图 1-13 昆虫的完全变态
1—卵；2—幼虫；3—蛹；4—成虫

标本为材料，观察全变态昆虫一个世代所经过的几个虫期。观察幼虫的体形，弄清各体段的附器与成虫相比有何不同，在习性上有何差异？再观察芫菁生活史标本或挂图，认识复变态昆虫的特点。

（二）昆虫各虫态生物学特性及类型识别

1.卵

卵期是昆虫个体发育的第1个时期，是指卵从母体产下后到孵化出幼虫所经历的时期。卵是1个不活动的虫态，所以昆虫对产卵和卵的构造本身都有特殊的保护性适应。

（1）卵的构造

卵是1个大型细胞，卵的外面包被较坚硬的卵壳，卵壳下为1层薄膜，即卵黄膜，包围着原生质和丰富的卵黄。

（2）卵的大小、形状

昆虫的卵都比较小，一般为1～2 mm，较大的如蝗虫卵长达6～7 mm，螽蟖卵长9～10 mm，小的如寄生蜂卵长仅0.02～0.03 mm。

昆虫卵的形状是多种多样的（图1-14）。常见的卵为圆形或肾形，如蝗虫的卵。此外，还有球形的（如甲虫）、桶形的（如蝽象）、半球形的（如夜蛾类）、带有丝柄的（如草蛉）、瓶形的（如粉蝶）等。卵的表面有的平滑，有的具有华丽的饰纹。

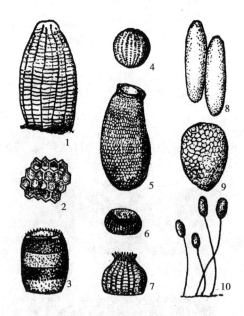

图1-14 昆虫卵的形状

1—瓶形；2—卵壳一部分；3—桶形；4—球形 5—茄果形；
6—半球形；7—篓形；8—长椭圆形；9—卵形；10—有柄形

（3）产卵方式

昆虫的产卵方式随种类而异，有的散产，如天牛、凤蝶；有的聚产，如螳螂、蝽象；有的裸产，如松毛虫；有的隐产，如蝉、蝗虫等。

2.幼虫

从孵化出幼虫到幼虫化蛹所经历的时间为幼虫期。初孵化幼虫体壁中的外表皮尚未形成，身体柔软，它们以吞吸空气或水来伸展体壁，因此，孵化不久的虫体就比卵大得多。

初孵幼虫取食后，虫体增长，但坚硬的体壁限制了幼虫长大，到一定程度必须将旧表皮脱去，才能继续生长发育，这种现象称为脱皮，脱下的旧表皮称为蜕。初孵幼虫为第一龄，每脱一次皮增加一龄。两次脱皮相隔的时间称龄期。同种昆虫的脱皮次数一般来说是固定的。幼虫脱皮后还是幼虫，这种脱皮称为生长脱皮。幼虫脱皮后变为蛹或成虫，这种脱皮称为变态脱皮。由于初孵化和初脱皮的幼虫表皮嫩薄，各种触杀剂容易通过体壁进入虫体内，因此，昆虫的幼虫期是化学防治的有利时机。

完全变态昆虫的幼虫按足的数目可分为四个类型等（图1-15）。

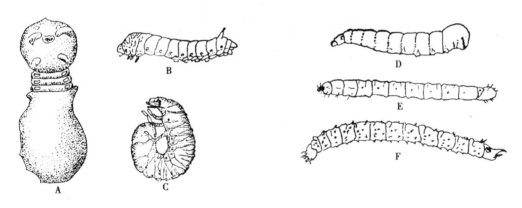

图 1-15 完全变态昆虫的幼虫类型
A.原足型； B.多足型；C.寡足型；
D.无足型（无头）；E.无足型（半头）；F.无足型（全头）

（1）原足型

原足型幼虫像一个发育不完全的胚胎，腹部分节或不分节，胸足和其他附肢只是几个突起，如小蜂幼虫。

（2）多足型

多足型幼虫除具3对胸足外，在腹部第2～8节还常着生1对腹足，如蛾、蝶类及叶蜂幼虫。

（3）寡足型

寡足型的幼虫只有发达的胸足，而无腹足，如金龟子幼虫等。

（4）无足型

无足型的幼虫没有胸足和腹足，如天牛幼虫。

观察枯叶蛾、尺蛾和叶蜂幼虫的腹足数目及位置各有何不同，判断各属何类幼虫。

3.蛹

自末龄幼虫脱去表皮至变为成虫所经历的时间，称为蛹期。蛹是完全变态类昆虫由幼虫变为成虫的过程中必须经过的虫态。老熟幼虫在化蛹前停止取食，呈安静状态，即前蛹期。末龄幼虫脱去最后的皮称为化蛹。

根据翅、触角和足等附肢是否紧贴于蛹体上及蛹的形态通常分为3类（图1-16）。

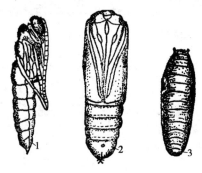

图 1-16　蛹的类型
1—离蛹；2—被蛹；3—围蛹

（1）离蛹（裸蛹）

触角、足等附肢和翅不贴附于蛹体上，可以活动。

（2）被蛹

触角、足、翅等附肢紧贴蛹体上，不能活动。

（3）围蛹

蛹体实际上是离蛹，但蛹体外面有末龄幼虫所脱的皮形成的蛹壳包围。

蛹是个不活动的虫期，蛹期不取食，也很少进行主动的移动，缺少防御和躲避敌害的能力，而内部则进行着激烈的器官组织的解离和生理活动，要求相对稳定的环境完成所有的转变过程。因此，不同的昆虫的化蛹场所和方式也是多种多样的，有的吐丝做茧，有的在树皮缝中或在地下做土室，有的在蛀道内或卷叶内等。

观察蛹浸渍标本，比较蛹体各附器是否外露，蛹体各附器能否活动，鉴别它们所属蛹的类型。

4.成虫

成虫是昆虫个体发育的最后1个时期。成虫期雌雄性的区别已显现出来，复眼也出现，有发达的触角，形态已经固定，有翅的种类，翅也长成。昆虫的分类以成虫为主要根据。成虫期的主要任务是交配产卵，繁殖后代。因此，成虫期本质上是昆虫的生殖期。

有些昆虫羽化后性器官未成熟，还要继续取食以补充性器官发育成熟所需的营养，这种取食称为补充营养，如金龟子等。还有的昆虫羽化后能交配产卵，但成虫仍继续取食，以便取食后产更多的卵，这种现象称为恢复营养。这类昆虫成虫还能为害植物。

同一种昆虫，其雌、雄个体除第一性征（生殖器官）有差别外，第二性征（形态和习性）往往也有差别，这种第二性征雌、雄不同者称为性二型（图1-17），如锹形甲虫等。

某些昆虫不仅性二型显著，而且同种性别的个体还可分化成不同的类型，这种现象称为多型现象，如白蚁（图1-18）。

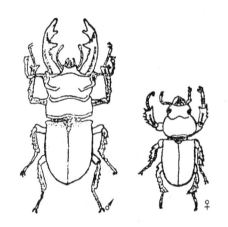

图 1-17 昆虫的性二型现象

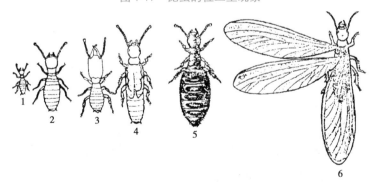

图 1-18 昆虫的性多型现象

1—幼蚁；2—工蚁；3—兵蚁；4—生殖蚁；5—蚁后；6—有翅生殖蚁

成虫期昆虫要交配、产卵，是昆虫的生殖期。昆虫的生殖力即一生的产卵数量因种类而异。它不仅取决于每种昆虫卵巢内卵巢管的多少，以及每条卵巢管所能形成的卵数，而且气候、营养等外界条件对昆虫生殖器官的发育和产生卵细胞的多少也有很大影响，如白蜡虫的产卵幅度在1 000~26 000粒。昆虫的性比一般在1:1左右。

注意事项：

观察时，要爱护展示用标本，以防损坏。

（三）昆虫生活史观察

1.昆虫的世代

昆虫自卵或幼体离开母体到成虫性成熟产生后代为止的个体发育周期，称为1个世代。各种昆虫完成1个世代所需的时间不同，在1年内完成的世代数也不同，如竹笋夜蛾、红脚绿金龟子、樟蚕1年发生1代；棉卷叶野螟等1年内完成5个世代；桑天牛等需2年才能完成1个世代；有的甚至十几年才能完成1个世代，如美洲17年蝉完成1个世代需17年。昆虫完成1个世代所需的时间和1年内发生的代数，除因昆虫的种类不同外，往往还与所在地理位置、环境因子有密切的关系。

1年发生多代的昆虫，由于成虫发生期长和产卵期先后不一，同一时期内，在1个地区可同时出现同一种昆虫的不同虫态，造成上下世代间重叠的现象，称为世代重叠。

对1年发生2代和多代的昆虫，划分世代顺序均以卵期开始，依先后出现的次序称第1代、第2代……，但应注意跨年虫态的世代顺序，习惯上凡以卵越冬的，越冬卵就是次年的第1代卵。如梧桐木虱，1990年秋末产卵越冬，卵至次年4，5月孵化，这越冬卵就是1991年的第1代卵。以其他虫态越冬的都不是次年的第1代，而是前1年的最后1代，叫作越冬代。如马尾松毛虫1990年11月中旬以4龄幼虫越冬，这越冬幼虫称为1990年的越冬代幼虫。

2.昆虫的休眠与滞育

昆虫在1年的生长发育过程中，常出现暂时停止发育的现象，即通常所谓的越冬和越夏，这种现象从其本身的生物学和生理学特性来看，可分为休眠和滞育两类。

（1）休眠

休眠是由不良环境条件直接引起的，当不良环境条件解除后，昆虫即可恢复正常的生命活动。休眠发生在炎热的夏季称夏蛰（或越夏），发生在严冬季节称为冬眠（或越冬）。各种昆虫的休眠虫态不一，如小地老虎在北京以蛹越冬，在长江流域以蛹和老熟幼虫越冬，在广西南宁以成虫越冬。

（2）滞育

滞育是由环境条件引起的，但通常不是由不良环境条件引起的。在自然情况下，当不利的环境条件还远未到来之前，具有滞育特性的昆虫就进入滞育状态，而且一旦进入滞育，即使以最适宜的条件，也不能解除滞育，滞育是昆虫长期适应不良环境而形成的种的遗传特性。如樟叶蜂以老熟幼虫在7月上、中旬于土中滞育，至第2年2月上、中旬才恢复生长发育。

3.昆虫的年生活史

昆虫在1年中经过的状况称为生活史，包括越冬虫态，1年中发生的世代，越冬后开始活动的时期，各代历期、各虫态的历期、生活习性等。了解害虫的生活史，掌握害虫的发生规律，是防治害虫的可靠依据。

昆虫的年生活史除用文字进行叙述外，也可以用图表表示（表1-3）。

表1-3　核桃扁叶甲生活史

代次	1 上中下	2 上中下	3 上中下	4 上中下	5 上中下	6 上中下	7 上中下	8 上中下	9 上中下	10 上中下	11 上中下	12 上中下
越冬代	⊕⊕⊕	⊕⊕⊕	⊕⊕⊕ +++	++								
第一代			●	●●● --- ○○ +	— ○○○ +++	+						
第二代					●●● --- ○○ +	●● --- ○○○ +++ △△	△△△	△△ +++	+			
越冬代									●●● --- ○○ +	●● -- ○○ +++ ⊕⊕⊕	⊕⊕⊕	⊕⊕⊕

注：●卵；—幼虫；○蛹；+成虫；⊕越冬成虫；△越夏成虫。

（四）昆虫行为习性观察

1.昆虫活动的昼夜节律

大多数昆虫的活动，如飞翔、取食、交配、卵化、羽化等，均有昼夜节律。这些都是种的特性，是对该种有利于生存、繁育的生活习性。在白昼活动的昆虫称为日出性或昼出性昆虫；在夜间活动的昆虫称为夜出性昆虫；还有一些只在弱光下，如黎明时、黄昏时活动的称为弱光性昆虫。许多捕食性昆虫，如蜻蜓、虎甲、步行虫等为日出性昆虫，都同它们的捕食对象的日出性有关；蝶类都同它们乐于寻找花的开放有关。大部分蛾类是夜出性的，取食、交配、生殖都在夜间。蚊子是在弱光下活动的。在夜出性的蛾类中，也有以凌晨或黄昏为活动盛期的。如舞毒蛾的雄成虫多在傍晚时分围绕树冠翩翩起舞。

因为自然界中昼夜长短是随季节变化的，所以许多昆虫的活动节律也有季节性。1年发生多代的昆虫，各世代对昼夜变化的反应也会不同，明显地反映在迁移、滞育、交配、生殖等方面。

昆虫的时辰节律除受光的影响外，还受温度的变化、食物成分的变化、异性释放外激素的生理条件等的影响。

2.食性

各种昆虫在自然界的长期活动中，逐渐形成了一定的食物范围。

按照取食的对象，昆虫一般可分为以下种类：

①植食性昆虫：以活的植物的各个部位为食物的昆虫。大多数是农林业害虫，如马尾松毛虫、刺蛾、叶甲等；少数种类对人类有益，如柞蚕、家蚕等。

②肉食性昆虫：以其他动物为食物的昆虫，如瓢虫、螳螂、食虫虻、胡蜂等，寄生在害虫体内的寄生蝇、寄生蜂等，对人类有害的蚊、虱等。

③腐食性昆虫：以动物、植物残体或粪便为食物的昆虫，如粪金龟子等。

④杂食性昆虫：既以植物或动物为食，又可腐食，如蜚蠊。

根据昆虫所吃食物种类的多少，昆虫又可分为以下种类：

①单食性昆虫：只以1种或近缘种植物为食物的昆虫，如三化螟、落叶松鞘蛾等。

②寡食性昆虫：以1科或几种近缘科的植物为食物的昆虫，如菜粉蝶、马尾松毛虫等。

③多食性昆虫：以多种非近缘科的植物为食物的昆虫，如刺蛾、棉蚜、蓑蛾等。

3.趋性

趋性是指昆虫由各种刺激物引起的反应，趋向刺激物的活动叫正趋性；避开刺激物的活动叫负趋性。各种刺激物主要有光、温度、化学物质等。因而趋性也就有趋光性、趋化性、趋温性等。

①趋光性：昆虫视觉器官对光线刺激所引起的趋性活动。

②趋化性：昆虫嗅觉器官对化学物质刺激所引起的嗜好活动。

③趋温性：昆虫感觉器官对温度刺激所引起的趋性活动。

利用昆虫的趋性可设置黑光灯诱杀有趋光性的昆虫，如马尾松毛虫、夜蛾等；用糖醋液诱杀地老虎类。另外可利用昆虫的趋性进行预测预报、采集标本。

4.群集性和社会性

（1）群集性

同种昆虫的大量个体高密度聚集在一起的现象称为群集性。如马尾松毛虫1～2龄幼虫、刺蛾的幼龄幼虫、金龟子一些种类的成虫都有群集为害的特性；再如榆蓝叶甲的越夏、瓢虫的越冬、天幕毛虫幼虫在树杈结网栖息等。了解昆虫的群集性可以在害虫群集时进行人工捕杀。

（2）社会性

昆虫营群居生活，1个群体中个体有多型现象，有不同分工。如蜜蜂（有蜂王、雄蜂、工蜂）；白蚁（有蚁王、蚁后、有翅生殖蚁、兵蚁、工蚁等）。

5.假死性

有一些昆虫在取食爬动时，当受到外界惊扰后，往往立即从树上掉落地面、蜷缩肢体不动或在爬行中缩作一团不动，这种行为叫作假死性。如象甲、叶甲、金龟子等成虫遇惊即假死下坠，3～6龄的松毛虫幼虫受震落地等。可利用害虫的假死习性进行人工捕杀、虫情调查等。

6.拟态和保护色

观察竹节虫、尺蛾幼虫发现其形态与植物枝条极为相似，从而获得了保护自己的好处的现象，称拟态。保护色是指某些昆虫具有同它的生活环境中的背景相似的颜色，这有利于躲避捕食性动物的视线而保护自己。

观察蚱蜢、枯叶蝶、尺蠖成虫的体色。

四、任务评价

本任务评价表如表1-4所示。

表1-4 "昆虫生物学特性观察"任务评价表

工作任务清单	完成情况
昆虫变态类型观察	
昆虫各虫态生物学特性及类型识别	
昆虫生活史观察	
昆虫行为习性观察	

任务三　经济林昆虫主要类群识别

一、任务验收标准

①会正确使用体视显微镜。

②会准确判别直翅目、等翅目、半翅目、同翅目、鞘翅目、膜翅目、双翅目、鳞翅目的常见昆虫。

③会编制和使用昆虫检索表。

④会采集、制作和保存植物病虫害标本。

二、任务完成条件

蝗虫、蝼蛄、螽斯、蟋蟀、白蚁、缘蝽、盲蝽、花蝽、蝉、叶蝉、蜡蝉、粉蝶、蛱蝶、凤蝶、木蠹蛾、枯叶蛾、透翅蛾、刺蛾、卷蛾、毒蛾、螟蛾、袋蛾、舟蛾、夜蛾、尺蛾、灯蛾、蚕蛾、天蛾、松毛虫、步甲、叩甲、吉丁甲、叶甲、瓢甲、象甲、金龟甲、天牛、小蠹虫、食蚜蝇、寄蝇、叶蜂、姬蜂、茧蜂等昆虫针插标本或浸渍标本；蚜虫、蚧、木虱、粉虱等玻片标本。

扩大镜、实体显微镜、标本夹、标本纸、采集箱、剪刀、小刀、镊子、体视显微镜、显微镜、放大镜、载玻片、盖玻片、挑针、标本瓶、大烧杯、酒精灯、滴瓶、乳酚油、福尔马林、酒精、甘油明胶、捕虫网、吸虫管、毒瓶、采集箱、诱虫灯等。

经济林昆虫主要类群形态特征多媒体课件。

三、任务实施

（一）经济林昆虫主要类群识别

①观察以上各种供试昆虫针插标本和浸渍标本，重点比较其体形、体色及翅、足、触角、口器等的形态特征，能熟练识别直翅目、等翅目、半翅目、同翅目、鞘翅目、鳞翅目、膜翅目和双翅目的代表种类。

②蝶类与蛾类。蝶类与蛾类的区别如表1-5所示。

表1-5　蝶类与蛾类的区别

名　称	蝶　类	蛾　类
触角	锤状、球杆状	丝状、羽毛状等
翅形	大多数阔大	大多数狭小
腹部	瘦长	粗壮
前后翅联络	无连接器	有特殊连接器
停栖时翅位	四翅竖立于背	四翅平展呈屋脊状
成虫活动时间	白天	晚上

（二）检索表的编制与使用

1.检索表的编制

检索表编制原则为：检索表应选用最明显的外部特征，而且要用绝对性状；检索表中同一序号下所列举的应是严格对称的性状；表述昆虫特征要简洁、明了、准确。

常用的检索表形式有单项式和两项式两种。

（1）单项式

这种形式的检索表比较节省篇幅，但缺点是相对性状相离很远。检索表的总序号数＝2×（需检索项目数–1）。格式是：

1 （8）翅2对

2 （7）前翅膜质

3 （6）前翅不被鳞片

4 （5）雌腹部末端有蛰刺……………………………膜翅目Hymenptera

5 （4）雌腹部末端无蛰刺…脉翅目Neuropterea

6 （3）前翅密被鳞片………鳞翅目Lepidoptera

7 （2）前翅角质…………鞘翅目Coleoptera

8 （1）翅1对………………双翅目Diptera

（2）两项式

这是目前最常用的形式。其优点是每对性状互相靠近，便于比较，也节省篇幅；其缺点是各单元的关系有时不明显。检索表的总序号数＝需检索项目数–1。格式是：

1.口器咀嚼式，适宜咬和咀嚼………2

1.口器刺吸式，适宜吸收…………5

1.前、后翅均为膜质……………3

2.前翅革质或角质，后翅膜质………4

3.第1腹节并入后胸，1、2节间紧缩成柄状；触角丝状或膝状……膜翅目Hymenoptera

3.前、后翅大小、形状迈纹相同；第1腹节不并入后胸；触角念珠状……等翅目Isoptera

4.前翅为复翅，触角丝状，通常有听器和发音器…………直翅目Orthoptera

4.前翅为复翅，触角丝状，通常有听器和发声器………鞘翅目Coleoptear

5.有翅1对，后翅特化为平衡棒………………双翅目Diptera

5.有翅2对…………………6

6.前翅为半鞘翅，刺吸式口器有头的前方伸出……………半翅目Hemiptera

6.前翅质地均一，膜质或革质；刺吸式口器由头的后方伸出·····同翅目Homoptera

2.检索表的使用

使用下列昆虫纲成虫分目双项式检索表检索出供试标本所属目。

1.无翅，或具极退化的翅·················2

   有翅，或具发育不全的翅··········9

2.口器咀嚼式，适宜咬和咀嚼··········3

   口器吸收式，适宜刺蛰和吸收·····8

3.腹部第1节并入后胸，第1和第2节之间紧缩或成柄状·····膜翅目Hymenoptera

4.后足腿节增大，适宜跳跃·················直翅目Hymenoptera

   后足正常，并不特化为跳跃足·····5

5.前胸显著伸长，前足适宜捕捉·················螳螂目Mantoder

   前胸不显著伸长，前足正常········6

6.没有尾须，体躯骨化而坚硬，触角通常11节··········鞘翅目Coleoptera

   有尾须·······························7

7.跗节5节，体躯成棒状或叶状，触角丝状·············竹节虫目Phasmida

   跗节4节，体躯不为棒状或叶状，触角念珠状··········等翅目Isoptera

8.跗节末端有泡状器，爪不很发达············缨翅目Thysanoptera

   跗节末端没有泡状器，有发达的爪·················同翅目Homoptera

9.有翅1对，后翅特化为平衡棒·····10

   有翅2对····························11

10.跗节5节··········双翅目Diptera

    跗节仅1节（雄介壳虫）·····同翅目Homoptera

11.前后翅质地不同，前翅加厚，革质或角质，后翅膜质·················12

   前后翅质地相同，都是膜质·········16

12.前翅基部加厚，常不透明，端部膜质；口器适宜穿刺及吸收·····半翅目Hemiptera

   前翅质地全部一样···············13

13.前翅坚硬，角质化，没有翅脉，有覆盖后翅的保护作用········鞘翅目Coleoptera

   前翅革质或羊皮纸状，有网状脉，后翅在前翅下方，折叠成扇状········14

14.后足腿节增大，适宜跳跃，或后足正常，前足变阔，适宜开掘；静止时翅折叠成屋脊状；通常有听器和发音器·········直翅目Orthoptera

   后足腿节正常；静止翅平置在体躯上；没有发音器·················15

15. 前胸极度伸长，前足为捕捉足 ·················· 螳螂目Mantodea

  前胸短，各足形状相同，体躯如棒状或叶状 ········ 竹节虫目Phasmida

16. 翅面全部或部分有鳞片，口器为虹吸式或退化···鳞翅目Lepidoptera

  翅面无鳞片，口器不为虹吸式···17

17. 口器刺吸式 ······················· 18

  口器咀嚼式、嚼吸式或退化······19

18. 下唇形成分节的喙，翅缘无长毛··············· 同翅目Homoptera

  无分节的喙，翅极狭长，翅缘有长毛··········· 缨翅目Thysanoptera

19. 前后翅相差大，后翅前缘有1排小的翅钩列，用以和前翅相连···膜翅目Hymenoptera

  前后翅几乎相同，后翅前缘无翅钩列 ················· 20

20. 翅基部各有1条横的肩缝，翅易沿此缝脱；触角念珠状····· 等翅目Isoptera

  翅无肩缝；触角一般丝状 ············ 脉翅目Neuroptera

注意事项：

编制检索表时所使用的昆虫特征要求简明、准确、绝对。

（三）昆虫标本的采集、制作与保存

1. 昆虫标本的采集

用具：捕虫网、吸虫管、毒瓶、幼虫采集袋、诱虫灯、指形管、剪枝剪、镊子、放大镜、刀、手锯等。

方法：

①网捕法：捕捉空中善飞的昆虫。

②震落法：利用昆虫假死性捕捉昆虫。

③诱捕法：利用昆虫趋光、趋化、特异等特性采集昆虫。

④观察和搜索法：适合采集隐蔽性生活的昆虫，如地下、干部、蛀果、枝梢、卷叶、结网等害虫。

⑤吸虫管捕虫法：适合捕捉小型昆虫，如蚜虫、木虱等。

2. 昆虫标本的制作与保存

标本采回后，为了使昆虫标本能完整而长久地保存下来，以备比较研究、教学和展览之用，便需整理，按照不同的目的，制成各式的标本，制作标本除保持虫体各部分完整外，尽可能保持昆虫原有的色泽及形象，因而制作昆虫标本除有一定的技术外还需适当的工具。

制作工具：昆虫针（分0、00、1、2、3、4、5七种型号）、大头针、三级台、展翅板、还原器等。

制作方法：

①针插标本：一般是将昆虫针直刺虫体胸部背面的中央。为保证分类上的重要特征不受损伤，同一类的昆虫针插都有一定规格。

鳞翅目：膜翅目、毛翅目，可从中胸背面正中央插入。

鞘翅目：可从右鞘翅基部插进，使针穿过右侧中、后足之间。

同翅目：双翅目、长翅目、脉翅目在中胸背中央偏右插入。

半翅目：可由中胸小质片中央略偏右穿上，以免损伤腹面的喙及喙槽。

直翅目：插在前胸背板右端偏右，以保证前胸背板及腹板上的分类特征。

小型昆虫可采取二重插或用三角台纸粘贴法。

对针插后的标本用三级台调整高度，并要求高度一致，然后放入标本盒中保存。

②展翅：最好是在虫体刚死后进行胸部肌肉松软，不但展翅容易，经展翅后的标本也不易走样。

③整肢：适合大型昆虫，如甲虫、直翅目昆虫、螳螂等。选5号昆虫针针插，固定后将触角、足依其活时的自然姿态整理，干燥后可定形。

④浸渍标本的制作方法：身体柔软或微小的昆虫（除了蝶蛾成虫和螨类）都可用保存液浸泡保存。常用保存液酒精的常用浓度为75%。酒精在浸渍大量标本后半个月应更换一次，以防止虫体变黑或肿胀变形，之后酌情更换1~2次即可长期保存。福尔马林液用来保存昆虫的卵效果较好。福尔马林（含甲醛40%）1份，水17~19份。绿色幼虫标本保存液——注射剂：95%酒精（90 mL）、甘油（0.5 mL）、冰醋酸（2.5 mL）、氯化铜（3 g）。浸渍液：冰醋酸（5 g）、白糖（5 g）、福尔马林（4 mL）、蒸馏水（100 mL）。将已饥饿几天的绿色幼虫用注射器将注射液从其肛门注入体内之后，将幼虫放置约10 h让注射液慢慢渗透到虫体各部，然后放入浸渍液中保存。20天后更换一次浸渍液。

⑤生活史标本：将卵、幼虫各龄、蛹、成虫和寄主被害状安排在标本盒中，供教学及展览用。

四、任务评价

本任务评价表如表1-6所示。

表1-6　"经济林昆虫主要类群识别"任务评价表

工作任务清单	完成情况
经济林昆虫主要类群识别	
检索表的编制与使用	
昆虫标本的采集、制作与保存	

工作领域二　认识经济林病害

◎ 技能目标

1.会正确使用生物显微镜。

2.能正确识别经济林病害的症状类型。

3.能正确识别经济林病原真菌的主要类群。

4.能正确识别侵染性病害与非侵染性病害，并能找出发病原因。

任务一　病害症状类型的识别

一、任务验收标准

能正确识别经济林病害的症状类型。

二、任务完成条件

油茶煤污病、杨黑斑病、槭树漆斑病、油茶炭疽病、苹果炭疽病、苹果腐烂病、杨溃疡病、落叶松溃疡病、杨树腐烂病、桃树腐烂病、松白腐病、毛白杨煤污病、杨树花叶病、泡桐丛枝病、枣疯病、杨树根癌病、樱花根癌病、榆树枯萎病、松材线虫病、桃缩叶病等实物标本及新鲜标本、照片及多媒体课件。

放大镜、双目生物显微镜、镊子、解剖针等。

三、任务实施

1.常见经济林病害病状识别

仔细观察供试标本，识别以下经济林病害的病状类型：

①斑点。果实或叶片上，后期在病斑上出现霉层或小黑点。斑点分为灰斑、褐斑、黑斑、漆斑、圆斑、角斑和轮斑等。

②炭疽。叶、果或嫩枝病部多形成轮状而凹陷的病斑。后期病斑上出现小黑点。

③溃疡。受病枝干皮层的局部坏死，病部周围常隆起，中央凹陷开裂。

④腐烂。在根、枝、干上，枝干皮部腐烂，边缘隆起不明显。

经济林病害的
概念与症状

⑤腐朽。根、干或木材腐朽变质，可分为白腐、褐腐、海绵状腐朽和蜂巢状腐朽等。

⑥枯萎。枝条或整个树冠的叶片凋萎、脱落或整株枯死。

⑦丛枝。枝叶细弱，丛生。

⑧肿瘤。在枝、干或根部形成大小不等的瘤状物。

⑨畸形。叶片皱缩、叶片变小、果实变形等。

⑩流脂、流胶。树干上有脂状物或胶状物。

2.常见经济林病害病症识别

仔细观察供试标本，识别以下经济林病害的病症类型：

①白粉。观察黄栌白粉病、紫薇白粉病、大叶黄杨白粉病等，可看到受病部位表面有一层白色粉状物，其上散生针头大小的黑色颗粒状物。

②煤污。观察油茶煤污病、毛白杨煤污病，病部表面被一层烟煤状物所覆盖。

侵染性病害
症状观察

③锈粉。观察松针锈病、松疱锈病、杨叶锈病、梨锈病，受病部位出现锈黄色的粉状物或内含黄粉的泡状物或毛状物。

④霉状物。霉烂的种实表面出现红、白、绿、黑、灰等霉状物，种实霉烂变质。

⑤点（粒）状物。观察松赤枯病、柿角斑病，在病斑上有小黑点。

⑥蕈体。观察木层孔菌等子实体。

3.结果记录

将观察结果填入表1-7中。

表1-7 观察结果记录表

编号	病害名称	发病部位	病状类型	病症类型

注意事项：实训过程中要注意保护标本。林木病害蜡叶标本要轻拿轻放，不要用手揉搓病部，应用放大镜仔细观察病部病症并确定其类型。

四、任务评价

本任务评价表如表1-8所示。

表1-8 "病害症状类型的识别"任务评价表

工作任务清单	完成情况
借助放大镜观察供试标本，识别常见经济林病害的病状类型	
借助放大镜观察供试标本，识别常见经济林病害的病症类型	

任务二 经济林病原真菌的主要类群识别

一、任务验收标准

①学会双目生物显微镜的使用和保养。

②能正确识别真菌的营养体和繁殖体的形态类型。

③学会用临时制片法观察真菌的病组织和病原形态。

④能正确识别鞭毛菌亚门、接合菌亚门、子囊菌亚门、担子菌亚门和半知菌亚门中常见的经济林病原菌。

二、任务完成条件

经济林木病害微生物病原的新鲜材料、实物标本、各种病原微生物的玻片标本、照片及多媒体课件。

制片工具、双目生物显微镜、放大镜、载玻片、盖玻片、擦镜纸、吸水纸、解剖刀、刀片、挑针、镊子、蒸馏水、纱布、搪瓷盘等。

三、任务实施

（一）双目生物显微镜的使用和保养

1.认识显微镜的基本构造

显微镜的类型很多，虽有单目显微镜、双目显微镜、自然光源显微镜、电光源显微镜之分，但其基本结构相同，都是由镜座、镜臂、镜体、目镜、物镜、调焦螺旋、紧固螺丝和载物台等组成，其中3个物镜镜头分别为4倍、10倍、40倍（油镜100倍）。常用的有XSP-3CA显微镜。

2.显微镜的操作步骤

①拿取或移动显微镜。用右手把持镜臂，左手托住镜座拿取或移动，勿使其震动。

②放置。显微镜应放在身体左前方的平面操作台上。镜座距台边3～4 cm，镜身倾斜度不大。

③检查。用前应检查部件是否完整，镜面是否清洁，若有问题需及时调换或修理。

④调光。先用低倍镜调光。若用自然光源，光线强可用平面反光镜，光线弱可用凹面反光镜。检查不染色标本时宜用弱光，可将聚光器降低或光圈缩小；检查染色体标本时宜用强光，可将聚光器升高或光圈放大。

⑤观察标本。将玻片标本放在载物台上，用弹簧夹固定，先用低倍镜找出适宜视野，然后转换为高倍镜观察。要求姿势端正，两眼同时睁开，左眼观察，右眼绘图。

⑥用后整理。显微镜用后应提高镜筒，取出标本，将镜头旋转呈"八"字形，放下镜筒，检查无误后放入箱内锁好。

3.显微镜的保养

①显微镜必须置于干燥、无灰尘、无酸碱蒸气的地方，特别应做好防潮、防尘、防霉、防腐蚀的保养工作。

②轻拿轻放，按规程操作。使用后清洁镜体，按要求放入镜箱内。

③透镜表面有灰尘时，切勿用手擦，可用吹气球吹，或用擦镜纸轻轻擦。透镜表面有污垢时，可用脱脂棉蘸少许乙醚与酒精的混合液或二甲苯轻轻擦净。

（二）经济林病原真菌的主要类群识别

1.真菌营养体及其变态类型观察

（1）真菌营养体的观察

分别挑取腐霉菌（或黑根霉菌）和炭疽菌菌丝少许制成待检玻片，镜下观察菌丝体，比较无隔菌丝和有隔菌丝的形态特征。

植物病原真菌
的营养体

（2）真菌菌丝体变态类型观察

菌核、菌索、菌膜和子座均属菌丝的变形体。观察苗木茎腐病的菌核、伞菌的菌索、腐朽木材上的菌膜和国槐腐烂病或竹赤团子病标本上的子座（需做待检切片），各有何特征。

2.真菌孢子类型观察

（1）无性孢子的观察

分别从炭疽菌和黑根霉的纯培养菌落中，以及白粉病的菌丝体上挑取少许孢子、菌丝和小球状物，制成待检玻片，依次观察厚垣孢子、孢囊孢子、分生孢子的形态特征。

（2）有性孢子的观察

挑取腐霉菌水培材料中的菌丝体，制成待检玻片观察藏卵器内的卵孢子；观察黑根霉接合孢子玻片标本；观察盘菌的切片标本，子囊为一长筒形囊状物，排列成1层，每个子囊中有8个椭圆形的孢子；观察伞菌子实体的切片标本，子实层中有棒状的担子，每个担子顶端有4个小柄，每个小柄上生有1个担孢子。

3.真菌子实体观察

挑取白粉菌的闭囊壳制成待检玻片镜检：闭囊壳呈球形，无孔口，内藏子囊和子囊孢子。

在显微镜下观察国槐腐烂病有性型切片标本：子囊壳球形或扁球形，颈细长，端部有孔口，子囊壳内含棒状子囊，每个子囊内有8个子囊孢子。

观察林木上腐生的子囊盘纵剖面：外面的保护组织张开呈盘状，盘上有1层子实层，排列有若干子囊。

观察腐朽菌的子实体：子实体的下方有许多微孔或木质的褶片，在微孔的内壁上有担子和担孢子。

植物病原真菌
分类

4.有害真菌5个亚门的识别

观察各供试标本，辨别它们各属于什么亚门。

（1）腐霉菌

丝状、裂瓣状、球状或卵形的孢子囊着生在菌丝上，孢子囊顶生或间生，无特殊分化的孢囊梗。游动孢子肾脏形，凹处有2根鞭毛。卵孢子厚壁，球形，萌发形成芽管和孢子囊。

（2）根霉菌

菌丝分化出匍匐丝和假根，孢囊梗单生或丛生，与假根对生，顶端着生球状孢子囊，孢子囊成熟破裂后散放大量孢囊孢子。

（3）白粉菌

菌丝体无色透明，大多生长在林木表面，菌丝体上形成分生孢子梗，上面形成单个或成串的分生孢子。子囊果为闭囊壳，上面长有球针状或叉丝状或钩丝状或菌丝状的附属丝。闭囊壳内有1个或多个子囊，呈卵形、椭圆形或圆筒形，其中有2~8个子囊孢子。

（4）煤炱菌

菌丝表生，暗褐色，多呈念珠状或结合成束；子囊座表生，圆形或长烧瓶状；分生孢子类型较多，有的分生孢子器也呈长颈烧瓶状。引起的病害似被一层黑色煤层覆盖，故称煤污病。

（5）黑腐皮壳菌

子座发达，埋在基物中，圆锥形，嘴部凸出。子囊壳埋生在子座内，有长茎伸出子座。子囊孢子单细胞，无色，香蕉形。其常引起各种花木的腐烂病。

（6）核盘菌

菌核块状或不规则形，菌核萌发可产生漏斗状子囊盘。子囊棍棒形排列成栅状，子囊孢子单细胞，椭圆形，无色。引起林木菌核病。

（7）胶锈菌

冬孢子双细胞，浅黄色至暗褐色，具有长柄。冬孢子柄无色，遇水膨胀胶化。冬孢子堆舌状或垫状，遇水胶化膨大，近黄色至深褐色。锈孢子器长管状，锈孢子串生，近球形，黄褐色。引起林木锈病。

（8）丝核菌

不产生分生孢子，只产生不孕菌丝及菌核。菌核较少，形状多样，菌核表面粗糙，呈褐色至黑色，结构疏松，生于菌丝中，彼此间由菌丝形成的丝状体相连。菌丝在分枝处多成直角，并有显著缢缩现象。引起幼苗猝倒或立枯。

（9）镰刀菌

分生孢子梗无色，生于由菌丝体形成的子座上。分生孢子有两种：大型孢子多细胞，镰刀形；小型孢子单细胞，少数双细胞，卵圆形或椭圆形，单生或串生。引起幼苗猝倒或立枯。

（10）炭疽菌

分生孢子盘平坦，上面敞开，下面略埋在基质内；分生孢子自茁壮的梗上顶生。分生孢子单细胞，无色，长椭圆形或弯月形。

（11）壳囊孢菌

分生孢子器着生在瘤状或球状子座组织内，分生孢子器内腔不规则地分为数室。分生孢子香蕉形。引起花木腐烂病。

（三）真菌病害的制片观察

1.病原菌观察

①将采集到的新鲜真菌病害标本放在胸前桌上，选好病原体。

②取一载玻片用纱布擦净横放在胸前桌上，在载玻片中央滴 1 滴蒸馏水。

经济林木其他病原生物形态观察

③将解剖针（或解剖刀）尖蘸点蒸馏水，右手持解剖针（或解剖刀）向一个方向挑取或刮取病原体。

④将挑取的病原体移入载玻片的水滴中，如病原体带色，载玻片下应放白纸以便观察。

⑤用镊子或手指取一干净载玻片，先将一侧与载玻片上的水滴接触，然后慢慢落下，以防产生气泡。

⑥将临时制片放在显微镜载物台上观察。

2.做徒手切片观察病组织

①选取病部，切成 3 ~ 5 小块，若组织坚硬，可先以水浸软再切。

②将病组织小块置于小木片上，左手食指拧紧材料，右手持刀片像切面条那样，把材料切成薄片。

还可将病组织夹入通心草的切缝中，然后用左手拇指和食指捏紧通心草，右手持刀片，从左向右把材料切成薄片，并移入培养皿中的蒸馏水内后再选薄片标本制片镜检。

③在载玻片上滴1滴蒸馏水。

④将切好的病组织薄片放入蒸馏水滴中，从一侧放盖玻片。

⑤置于显微镜下观察。

注意事项：

用通心草夹病组织切片时要注意控制用刀方向以防切手。

（四）经济林病害标本的采集、制作和保存

1.病害标本的采集

病害种类繁多，各类病害标本的采集方法不同

（1）叶部病害

一般将病叶连同小枝一同采下，很容易缩卷曲的叶子，应随采随压制，或用小塑料袋装好，封上口，或用湿布包好。对孢子容易散落的锈菌、黑粉菌，最好用纸包好，先放进标本箱，以免污染其他病害标本。

（2）果实病害

一般病果可采摘后放入标本箱中，柔软多汁或败坏的果实宜用纸包裹放入标本箱中。

（3）枝干病害

木质化枝条不易损坏，采取比较方便。枝干过于粗大，可锯取一部分。寄生性种子植物应连同寄主一同采集。如果草体长在枝干上，则连同寄主或寄主的一部分一同采下。肉质蕈体采集后不易保存，应用远红外烘器烘干或及时观察、绘图、拍照。

（4）根部病害

有的病原菌由根部侵入，应把根部挖出来切成一段，放入标本箱中。

采集的标本要随即挂标签，以免错乱。标签上注明采集地点、日期、寄主、采集人、采集号等。

2.病害标本的制作和保存

（1）干燥标本的制作和保存

①叶和茎标本可用标本夹压制，标本纸要勤换勤翻；最初3~4天，每日换纸1~2次，以后2~3天换纸一次直至全干，压制后的标本应不变色，不好霉。

②幼嫩多汁的花和幼苗，可夹在两层脱脂棉中压制，也可在30~45℃下加温烘干。

③肉质蕈类和子囊菌不能压制，可放在烘箱中烘干或用干燥箱干燥。

④木质类蕈类和木质化枝条可以阴干。

标本可装入纸袋、标签中保存，标本柜要清洁干燥，防止标本生霉和虫蛀。

（2）浸渍标本的制作和保存

为了保持标本的形状和色泽，防止其腐烂，可采用浸渍法制作和保存标本。

①防腐浸渍液：福尔马林 50 mL；酒精（75%）300 mL；水2 000 mL。

②保存绿色浸渍液：将标本放在5%硫酸铜溶液中，浸6～24 h，取出后用清水漂洗数次，然后保存在亚硫酸溶液（含5%～6% SO_2的亚硫酸溶液15 mL加水1 000 mL）中，标本瓶用蜡密封。

注意事项：

①标本要有典型性。病症是鉴定真菌、细菌等病害的重要根据，采集的标本应具有典型症状。真菌病害标本应带有成熟子实体。

②标本要完整。完整的病害标本应包括不同时期、不同部位的典型症状。有些病害在叶、果和枝梢等部位表现出不同症状，因此都应采集，真菌病害的无性阶段和有性阶段应在不同时期进行采集。

③对不认识的寄主，应注意采上枝、叶、花、果等部分以便鉴定。

四、任务评价

本任务评价表如表1-9所示。

表 1-9 "病害症状类型的识别"任务评价表

工作任务清单	完成情况
双目生物显微镜的使用和保养	
经济林病原真菌的主要类群识别（包括营养体及其变态类型观察、孢子类型观察、子实体观察）	
会做徒手切片及真菌病害的制片观察	
经济林木病害标本的采集、制作和保存	

任务三 病害的发生规律及诊断方法

一、任务验收标准

①会双目生物显微镜的使用和保养。

②能正确识别侵染性病害与非侵染性病害，并能找出发病原因。

二、任务完成条件

病害标本采集箱、枝剪、放大镜、镊子、剪刀、显微镜、恒温培养箱、培养皿、三角瓶、滤纸、PDA培养基、酒精、铅笔、笔记本、多媒体课件及相关参考资料等。

三、任务实施

（一）经济林木病害发生规律

1.病害发生三要素

寄主植物、病原物、环境称为经济林木病害发生三要素，三者相互作用组成自然的病害系统。我们可以通过栽培措施或病害防治措施对三者进行合理的调控以控制或减轻病害的发生。

2.病害发生过程

（1）接触期

接触期是指从病原物被动或主动地传播到植物的感病部位到侵入寄主为止的一段时间。它是病害发生的一个条件。

植物病害的发生与流行

（2）侵入期

侵入期指从病原物侵入寄主到建立寄生关系为止的一段时间。病害的发生都是从侵入开始的。

（3）潜育期

从病原物与寄主建立寄生关系开始到表现症状为止的这一段时间称为潜育期。在此期间，除极少数外寄生菌外，病原物都在寄主体内生长发育，消耗寄主体内的养分和水分，并分泌多种酶、毒素、生长激素等，影响寄主的生理代谢活动，破坏寄主组织结构，并诱发寄主发生一系列保护反应。因此，潜育期是病原物与寄主斗争最激烈的时期。

（4）发病期

潜育期结束后，就开始出现症状，从症状出现到病害进一步发展的一段时间称为发病期。

3.病害的侵染循环

经济林木病害的发展过程包括越冬、接触、侵入、潜育、发病、传播和再侵染等各环节，其中接触、侵入、潜育、发病4个时期是病害一次发生的全过程，称为侵染程序，简称病程。越冬、传播、病程3个环节称为侵染循环（图1-19）。大多数林木病害的侵染循环在一年内完成，即从前一个生长季节发病到下一个生长季节再度发病的全过程。

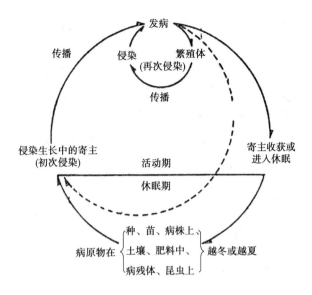

图 1-19　林木病害侵染循环示意图

4.病害流行

经济林木病害在一个时期或一个地区大面积发生，造成经济上的严重损失，称为病害流行。

病害的侵染过程反映个体发病规律，病害流行规律则是群体发病规律。个体发病规律是群体发病规律的基础，而群体发病规律才是需要掌握的整体规律。防治病害的目的在于保护经济林木群体不因病害大量发生而减产，除检疫对象外，一般只要求防止流行，而不要求绝对无病。

（1）病害的流行条件

林木病害的流行需要大量高度感病的寄主植物、大量致病力强的病原物和有利于不断进行侵染的环境条件，三者缺一不可，必须同时存在。

植物病害诊断

（2）病害流行的决定因素

经济林木各种流行性病害，因为病原寄生性、专化性、繁殖特性及寄主抗性不同，它们对环境条件的要求和反应也不同，所以不同病害或同一种病害在不同地区、不同时间造成流行的各条件不是同等重要的。在一定时间、空间和地点已经具备的条件，相对稳定的因素为次要因素，最缺乏或变化最大的因素为决定性因素。对具体病害应分析其寄主、病原和环境条件各方面的变化，找出它的决定性因素，为制订防治策略和措施提供依据。

（二）经济林木病害的诊断

1.诊断步骤

（1）田间观察

根据症状特点，区别是虫害、伤害还是病害，进一步区别是侵染性病害或非侵染性病害，侵染性病害在田间可看到由点到面逐步扩大蔓延的趋势。虫害、伤害没有病理变化过程，而林木病害却有病理变化过程。注意调查和了解病株在田间的分布，病害的发生与气候、地形、地势、土质、肥水、农药及栽培管理的关系。

（2）症状观察

症状观察是首要的诊断依据，虽然简单，但需在比较熟悉病害的基础上进行。诊断的准确性取决于症状的典型性和诊断人的经验。观察症状时，注意是点发性症状还是散发性症状；病斑的部位、大小、长短、色泽和气味；病部组织的特点。许多病害有明显的病状，当出现病征时就能确诊，如白粉病。有些病害外表看不见病征，但只要认识其典型症状也能确诊，如病毒病。

（3）室内鉴定

许多病害单凭病状是不能确诊的，因为不同的病原可产生相似病状，病害的症状也可因寄主和环境条件的变化而变化，所以有时需进行室内病原鉴定才能确诊。一般来说，病原室内鉴定是借助放大镜、显微镜、电子显微镜、保湿、保温器械设备等，根据不同病原的特性，采取不同的手段，进一步观察病原物的形态、特征特性、生理生化等特点。新病害还须请分类专家确诊病原。

（4）林木侵染性病原生物的分离培养和接种

有些病害在病部表面不一定能找到病原物，即使检查到微生物，也可能是组织死后长出的腐生物，因此，病原物的分离培养和接种是林木病害诊断中最科学、最可靠的方法。接种鉴定又叫印证鉴定，就是通过接种使健康的林木产生相同症状，以明确病原。这对新病害或疑难病害的确诊很重要。

（5）提出诊断结论

根据上述各步骤的观察鉴定结果进行综合分析，提出诊断结论，并根据诊断结论提出防治建议。

2.诊断要点

经济林木病害的诊断，首先要区分是侵染性病害还是非侵染性病害。许多植物病害的症状都有很明显的特点，这些典型症状可以成为植物病害的诊断要点。

（1）非侵染性病害的诊断要点

非侵染性病害除植物遗传性疾病外，主要是由不良的环境因素引起的。若在病植物上看不到任何病征，也分离不到病原物，且往往大面积同时发生同一病征，没有逐步传染扩散的现象，则大体上可考虑为非侵染性病害。大体上可从发病范围、病害特点和病史几方面分析来确定病因。下列几点有助于诊断其病因：

①病害突然大面积同时发生。发病时间短，只有几天。大多是大气污染、三废污染或气候因素异常引起的病害，例如冻害、干热风、日灼。

②病害只限于某一品种发生。多有生长不良或系统性症状一致的表现，则多为遗传性障碍所致。

③有明显的枯斑或灼伤，枯斑或灼伤多集中在植株某一部分的叶或芽上，无继往病史。大多是农药或化肥使用不当所致。

（2）侵染性病害的诊断要点

侵染性病害常分散发生，有时还可观察到发病中心及其向周围传播、扩散的趋向，侵染性病害大多有病征（尤其是真菌、细菌性病害）。有些真菌和细菌性病害及所有的病毒病害，在植物表面无病征，但有一些明显的症状特点，可作为诊断的依据。

①真菌病害。许多真菌病害，如锈病、黑穗（粉）病、白粉病、霜霉病、灰霉病以及白锈病等，常在病部产生典型的病征，依照这些特征和病征上的子实体形态，即可进行病害诊断。对病部不易产生病征的真菌病害，可以用保湿培养镜检法缩短诊断过程。即摘取植物的病器官，用清水洗净，于保湿器皿内，适温（22～28 ℃）培养1～2个昼夜，促使真菌产生子实体，然后进行镜检，对病原体做出鉴定。有些病原真菌在植物病部的植物内产生子实体，从表面不易观察，需用徒手切片法，切下病部组织作镜检。必要时，则应进行病原分离、培养及接种实验，才能做出准确的诊断。

②细菌病害。植物受细菌侵染后可产生各种类型的症状，如腐烂、斑点、萎蔫、溃疡和畸形等；有的在病斑上有菌脓外溢。一些产生局部坏死病斑的植物细菌性病害，初期多呈水渍状、半透明病斑。腐烂型的细菌病害一个重要的特点是腐烂的组织黏滑，且有臭味。萎蔫型细菌病害，剖开病茎，可见维管束变褐色，或切断病茎，用手挤压，可出现浑浊的液体。所有这些特征都有助于细菌性病害的诊断。切片镜检有无"喷菌现象"是既简单易行又可靠的诊断技术，即剪取一小块（4 mm^2）新鲜的病健交界处组织平放在载玻片上，加蒸馏水一滴，盖上盖玻片后，立即在低倍镜下观察。如果是细菌病害，则在切口处可看到大量细菌涌出，细菌呈云雾状。在田间，用放大镜或肉眼对光观察夹在玻片中的病组织，也能看到云雾状细菌溢出。此外，革兰氏染色、血清学检验和噬菌体反应等也是细菌病害诊断和鉴定中常用的快速方法。

③植原体病害。植原体病害的特点是植株矮缩、丛枝或扁枝、小叶与黄化，少数出现花变叶或花变绿，只有在电镜下才能看到植原体。注射四环素以后，初期病害的症状可以隐退消失或减轻，但对青霉素不敏感。

④病毒病害。病毒病的特点是有病状，没有病征。病状多呈花叶、黄化、丛枝、矮化

等。撕去表皮进行镜检，有时可见内含体。在电镜下可见病毒粒体和内含体。感病植株多为全株性发病，少数为局部性发病。田间病株多分散，零星发生，无规律。如果是接触传染或昆虫传播的病毒，分布较集中。病毒病害症状有些类似于非侵染性病害，诊断时要仔细观察和调查，必要时还需采用枝叶摩擦接种、嫁接传染或昆虫传毒等接种实验，以证实其传染性，这是诊断病毒病害的常用方法。此外，血清学诊断技术等可快速做出正确的诊断。

⑤线虫病害。线虫病害表现为虫瘿或根结、胞囊、茎（芽、叶）坏死、植株矮化、黄化或类似缺肥的病状。鉴定时，可剖切虫瘿或肿瘤部分，用针挑取线虫制片或用清水浸渍病组织，或做病组织切片镜检。有些植物线虫不产生虫瘿和根结，可通过漏斗分离法或叶片染色法检查。必要时可用虫瘿、病株种子、病田土壤等进行人工接种。

3.诊断注意事项

经济林木病害的症状是复杂的，每种病害虽然都有各自固定的典型特征性症状，但也有易变性。因此，诊断病害时，要慎重注意如下几个问题。

①不同的病原可导致相似的症状，如萎蔫性病害可由真菌、细菌、线虫等病原引起。相同的病原在不同的寄主植物上可表现出不同的症状。

②相同的病原在同一寄主植物的不同发育期、不同的发病部位表现的症状不同，如炭疽病在苗期表现为猝倒，在成熟期为害茎、叶、果，表现为斑点型。

③环境条件可影响病害的症状，如腐烂病在潮湿时表现为湿腐型，在干燥时表现为干腐型。

④缺素症、黄化症等生理性病害与病毒、植原体引起的病害症状类似。

⑤在病部的坏死组织上，可能有腐生菌，容易混淆病原而误诊。

⑥注意虫害、螨害和病害的区别。

⑦注意并发病和继发病。

四、任务评价

本任务评价表如表1-10所示。

表1-10   "病害的发生规律及诊断方法"任务评价表

工作任务清单	完成情况
会分析经济林木病害的发生规律，会通过对发生条件进行合理的调控来控制或减轻病害的发生	
对具体病害，会分析其寄主、病原和环境条件各方面的变化，能找出决定性因素，为制订防治策略及措施提供依据	
能正确识别侵染性病害与非侵染性病害，并能找出发病原因	

模块二　经济林病虫害的测报与防治

工作领域一　经济林病虫害的调查与预测预报

◎技能目标

1.会根据病虫调查的目的、内容和对象选择恰当的调查方法。

2.会调查取样。

3.会设计调查记录表并能准确客观地记录。

4.会对调查所得的数据、资料进行合理的统计和整理。

5.会运用期距法预测害虫发生期。

6.会运用有效积温法预测害虫发生期。

7.会运用有效虫口基数法预测害虫发生量。

8.会进行病虫害为害程度预测。

任务一　经济林病虫害的调查与统计

一、任务验收标准

①会根据病虫调查的目的、内容和对象选择恰当的调查方法。

②会调查取样。

③会设计调查记录表并能准确客观地记录。

④会对调查所得的数据、资料进行合理的统计和整理。

二、任务完成条件

测高器、围尺、望远镜、显微镜、解剖镜、放大镜、捕虫网、枝剪、刀锯、采集袋、毒瓶、毒管、标本夹、标本盒、展翅板、三级台、昆虫针、镊子、玻片、刀片、养虫笼、调查用表、记录夹及相关教学资料等。

三、任务实施

（一）经济林病虫害的调查

经济林病虫害调查可分为普查（又称概况调查或路线调查）和专题调查，普查主要是了解某一地区经济林病虫害的种类、分布及为害等情况，记载的项目不必很细；而专题调查是在普查的基础上，选择重要的病虫害进行深入细致的调查，要求调查次数多，记载准确详细，以便进

经济林病虫害
的调查

行深入分析。

1.普查

考虑到任务实施对季节、时间、场地的要求，本环节定为"××地经济林病虫害概况调查"，调查对象为××地（或一个绿化区）常见的病害或虫害。目的是要查明主要病虫种类、数量、分布情况、为害程度及蔓延趋势等。调查时，可沿园间小路或自选路线进行，并尽可能通过调查地区的不同植物地块及有代表性的不同状况的地段。每条路线之间的距离一般在100～300 m。采用目测法边走边查，并填写普查记录表（表2-1）。

表2-1　病虫害普查记录表

年　月　日

树（品)种	病虫名称	为害部位	为害程度	症状和为害特点	备　注

调查地点：　　　　　　　　　　　　　　　　　　　　　调查者：

为害程度常分轻微、中等、严重3级记载，分别用"+""++""+++"符号表示。分级标准常因病虫种类的不同而异。为害程度划分标准见表2-2。

表2-2　为害程度划分标准

为害部位		轻微 "+"	中等 "++"	严重 "+++"
种实（个）	虫害	5%以下	6%～15%	16%以上
	病害	10%以下	15%～25%	26%以上
叶部（也）	虫害	15%以下	15%～30%	31%以上
	病害	10%以下	15%～25%	26%以上
枝梢（梢）	虫害	10%以下	10%～25%	26%以上
	病害	15%以下	15%～25%	26%以上
根部和枝干	虫害	5%以下	5%～10%	11%以上
	病害	10%以下	11%～25%	26%以上

2.专题调查

结合普查结果，本环节定为"苹果树腐烂病发生情况的调查"。通常是查病株率和病情指数，定防治地块。若病株率在10%以上，病情分级在2级以上者占80%左右，即做好防治准备；查病斑数和病枝数，并注明病斑

植物病虫害的
调查

新发、重犯及发病程度等，定防治适期，一旦见到新发病斑和旧病复发，即为发病开始，应开始防治。其调查记录表格如表2-3和表2-4所示。

表2-3 苹果树腐烂病基数调查统计表

| 项目 | 病疤分布 | | | | | | | | 严重度分级及株数 | | | | | 调查株数 | 病株数 | 病情指数 |
	主干阳面	主干阴面	三主枝阳面	三主枝阴面	中心干阳面	中心干阴面	第四主枝以上	合计	0	1	2	3	4			
品种																
金冠																
国光																
元帅																
红富士																
合计																
备注																

调查地点：   调查者：

表2-4 苹果树腐烂病发病情况调查表

| 调查日期 | 树号 | 主干 | | | 主枝 | | | 侧枝 | | | 小枝 | | | 梢头 | | | 备注 |
		重犯	新发	小计	重犯	新发	小计	重犯	新发	小计	重犯	新发	小计	重犯	新发	小计	
合计																	

调查地点：   调查者：

（二）调查资料的整理和统计分析

野外调查中所得的数据和资料，还要经过一系列加工、整理、计算、比较、分析、归纳，去粗取精，去伪存真，最后才能得出正确结果。

1.调查数据的计算

①被害率：表示病虫为害的普遍程度。

$$被害率 = \frac{被害单位数}{调查总单位数} \times 100\%$$

②虫口密度：一个单位内的虫口数量，它表示害虫发生的严重程度。

$$虫口密度 = \frac{调查总虫数}{调查总单位数}$$

③有虫株率：有虫株数占调查总株数的百分数，它表示害虫在林内分布的均匀程度。

$$有虫株率 = \frac{有虫株数}{调查总株数} \times 100\%$$

④死亡率或虫口减退率：表示防治效果的好坏程度。

$$死亡率或虫口减退率 = \frac{防前活虫数-防后活虫数}{防前活虫数} \times 100\%$$

如果对照组死亡率小于5%，则

$$更正死亡率 = 处理组死亡率-对照组死亡率$$

如果对照组死亡率为5%～20%，则用阿勃公式：

$$更正死亡率 = \frac{对照组生存率-处理组生存率}{对照组生存率} \times 100\%$$

如果处理的是繁殖迅速的害虫（如蚜虫、红蜘蛛），则

$$更正死亡率 = \left(1 - \frac{T_a \times C_b}{T_b \times C_a}\right) \times 100\%$$

式中　T_a——处理组处理后害虫数；

　　　T_b——处理组处理前害虫数；

　　　C_a——对照组处理后害虫数；

　　　C_b——对照组处理前害虫数。

⑤病情指数：反映植物发病程度（包括发病率和严重程度）的一个重要指标。按照被害的严重程度分级（0—4级），统计各级单位数，按下式计算：

$$病情指数 = \frac{\sum(各级病情级数 \times 各级单位数)}{最高病情级数 \times 调查总单位数} \times 100$$

$$更正病情指数 = \frac{对照区病情指数 - 处理区病情指数}{对照区病情指数} \times 100$$

如果考虑药效的内吸治疗效果，则用

$$更正病情指数 = \frac{对照区病情指数增长值 - 处理区病情指数增长值}{对照区病情指数增长值} \times 100$$

$$病情指数增长值 = 检查药效时的病情指数 - 施药时的病情指数$$

例如，样地内八角炭疽病的调查，总株数224株，其中0级37株，1级55株，2级74株，3级46株，4级12株，那么病情指数是多少？

$$病情指数 = \frac{37 \times 0 + 55 \times 1 + 74 \times 2 + 46 \times 3 + \times 12 \times 4}{224 \times 4} \times 100$$

$$= \frac{389}{896} \times 100 = 43.4$$

⑥损失情况估计：损失是指产量或经济效益的减少。病虫所造成的损失应该以经营水平相同的受害林与未受害林的产量或经济总产值对比来计算，也可用防治区与不防治的对照区产量或经济总产值对比来计算。

$$损失率 = \frac{未受害植株平均产量或产值 - 受害林平均产量或产值}{未受害林平均产量或产值} \times 100\%$$

有时也可在林间直接抽样调查，挑选若干未受害和受害植株直接测产，求出单株平均产量，计算出损失系数，然后调查受害植株比例，从而计算出产量损失率。

$$单株平均损失率 = \frac{未受害植株平均单株产量 - 受害植株平均单株产量}{未受害植株平均单株产量} \times 100\%$$

$$产量损失率(\%) = 单株平均损失率 \times 株被害率$$

单位面积实际损失产量 = 未受害植株平均单株产量 × 单位面积总株数 × 产量损失率

2.调查资料的整理

调查中得到的大量资料必须进行科学的整理，去粗取精、去伪存真，综合分析，进一步指导实践。

一般统计调查资料时，都整理出有代表性的平均数，如果调查资料中变数只有一个，用常算法计算平均数。如果所用的调查资料变数较多，用加权法计算较精确，即将变数值相同出现的次数为权数，用各变数与权数乘积的总和计算平均数，其计算式为：

$$加权平均数 = \frac{\sum(各变数 \times 次数)}{各次数的总和}$$

例如，在某林场南山的东坡与东南坡调查爻纹细蛾对荔枝果实的为害率，果实被害率分别为2%，28%，50%，各受害类型的面积在东坡顺次为2 hm²，5 hm²，20 hm²，而东南坡顺次为15 hm²，4 hm²，2 hm²。那么，应该将东坡与东南坡不同受害面积设为权数，并用加权法分别计算东坡与东南坡果实的被害率。

$$东坡果实平均被害率 = \frac{2 \times 2 + 5 \times 28 + 20 \times 50}{2 + 5 + 20} \times 100\%$$

$$= \frac{1\,144}{27} \times 100\% = 42.4\%$$

$$东南坡果实平均被害率 = \frac{15 \times 2 + 4 \times 28 + 2 \times 50}{15 + 4 + 2} \times 100\%$$

$$= \frac{242}{21} \times 100\% = 11.5\%$$

上述调查资料如果只是简单地将各果实被害率相加，求出平均数，如

$$果实平均被害率 = \frac{2 + 28 + 50}{3} \times 100\% = 26.7\%$$

这种计算方法就看不出东坡与南坡荔枝果实被害的差别，因此，这种情况下采用常算法计算平均数是不够科学的。可见，选用正确的计算方法，对如实反映情况非常重要。

四、任务评价

本任务评价表如表2-5所示。

表2-5 "经济林病虫害的调查与统计"任务评价表

工作任务清单	完成情况
根据病虫调查的目的、内容和对象选择恰当的调查方法	
调查取样	
设计调查记录表并能准确客观地记录	
对调查所得的数据、资料进行合理的统计和整理	

任务二　经济林病虫害的预测预报

一、任务验收标准

①会运用期距法预测害虫发生期。

②会运用有效积温法预测害虫发生期。

③会运用有效虫口基数法预测害虫发生量。

④会进行病虫害为害程度预测。

二、任务完成条件

毛笔、镊子、解剖刀、枝剪、刀锯、采集袋、毒瓶、胶、硬纸板、塑料条、诱捕器、解剖镜、养虫笼、天平、黑光灯、记录夹及相关教学资料等。

林业有害生物
监测预报

三、任务实施

（一）发生期预测

1.物候学法

注意观察实训点附近常见植物的发育阶段，是否与松毛虫发育阶段有相关性？可否用于预测？

2.期距法

利用实训地区森防机构积累的松毛虫历史资料，结合观察数据，计算出各虫态或世代之间的生长发育所经历的天数。

预测虫态出现日期＝起始虫态实测出现日期＋（期距值 ± 期距值对应的标准差）

3.回归模型法

利用松毛虫发生期（或发生量）的变化规律与气候因子的相关性，建立回归预测模型。

$$y = a_0 + a_1 x_1 + a_2 x_2 + a_3 x_3 + \cdots + a_n x_n$$

式中　y——发生期（或发生量）；

$x_1, x_2, \cdots, x_n$——测报因子（气温、降雨、相对湿度等）；

$a_0, a_1, \cdots, a_n$——回归系数。

4.有效积温法

根据松毛虫各虫态的发育起点温度、有效积温和当地近期的平均气温预测值，预测下一虫态的发生期。

昆虫与环境的
关系

$$发育天数 = \frac{有效积温 ± 有效积温标准差}{日均温 - （发育起点温度 ± 发育起点温度标准差）}$$

（二）发生量预测

1.有效虫口基数法

根据松毛虫前一世代（或前一虫态）的有效虫口基数推测下一世代（或虫态）的发生量（繁殖量）。

$$P = P_0 \left[e \frac{f}{m+f} (1-d_1)(1-d_2)(1-d_3)\cdots(1-d_i) \right]$$

式中　P——预测发生量（繁殖量）；

P_0——调查时的虫口基数（虫口密度）；

$\dfrac{f}{m+f}$——雌雄性比（其中 f 为雌，m 为雄）；

e——每雌平均产卵量（繁殖力）；

d_1，d_2，d_3，$\cdots$，d_i——从调查虫态到预测虫态所经历的各虫态的死亡率。

2.利用虫口基数与为害程度作为参数预测

根据松毛虫发生量与虫口密度及松针保存率之间的关系，预测当代及下1，2，$\cdots$，n 代的虫口密度。

$$N_n = N_0 \cdot F \cdot S^n$$

式中　N_n——某代虫口密度；

N_0——调查虫口密度；

F——繁殖量〔产卵量×雌性比×（1－自然死亡率－寄生率）〕；

S——松针保存率，1> S>0；

n——预测的代数（当代 $n=0$，下1代 $n=1$，下2代 $n=2$，逐次）。

3.回归模型法

同前。

病虫害的预测
预报

（三）为害程度预测

通过抽样调查，预测单株为害程度，然后计算林分为害程度，再估测平均为害程度。公式如下：

$$单株为害程度 = \frac{虫口基数 \times (1-死亡率) \times 取食量}{总叶量} \times 100\%$$

$$林分为害程度 = \frac{\sum(某为害级值 \times 某等级株数)}{调查总株数 \times (最高级值+1)} \times 100\%$$

$$平均为害程度 = \frac{\sum(某类型发生面积 \times 某类型为害程度)}{总面积} \times 100\%$$

（四）发生范围预测

成虫的迁飞距离一般在1 000 m以内，以300 m内最多，最远可达2 000 m；1 d内最远迁飞600 m。生产中可根据成虫飞向、飞行距离、光源、被害程度及松林分布情况等预测发生范围。

四、任务评价

本任务评价表如表2-6所示。

表2-6 "经济林病虫害的预测预报"任务评价表

工作任务清单	完成情况
运用期距法预测害虫发生期	
运用有效积温法预测害虫发生期	
运用有效虫口基数法预测害虫发生量	
进行病虫害为害程度预测	

工作领域二　经济林病虫害的防治原理与方法

◎技能目标

1.会实施检疫性有害生物的产地检疫。

2.会实施检疫性有害生物的调运检疫。

3.会确定检疫性有害生物的除害处理方式。

4.会利用农业技术措施进行经济林病虫害的控制。

5.会利用物理机械防治措施进行经济林病虫害的控制。

6.会设计寄生蜂释放作业方案。

7.会寄生蜂防效检查并分析结果。

8.会制订昆虫诱捕器布设方案。

9.能正确安装昆虫诱捕器。

10.会配制并使用波尔多液。

11.会熬煮并使用石硫合剂。

任务一　植物检疫

一、任务验收标准

①熟悉植物检疫的基本知识及相关法规。

②熟悉植物检疫的对象及检疫内容。

③会实施检疫性有害生物的产地检疫。

④会实施检疫性有害生物的调运检疫。

⑤会确定检疫性有害生物的除害处理方式。

二、任务完成条件

软X光机、筛选振荡器、显微镜、解剖镜、熏蒸箱、帐幕、熏蒸剂、检疫单证、病虫害采集箱、记录夹及调查表格等。

植物检疫方面的法规、条例及教学用多媒体课件等。

三、任务实施

（一）产地检疫

1.苗圃检疫调查

①选择一处有检疫对象或危险性病虫存在的苗圃，在检疫性有害生物发生季节进行调查。

植物检疫

②询问苗圃的种苗来源、栽培管理及检疫性有害生物发生情况，确定调查重点和调查方法，准备好用于观察、采集、鉴定用的工具和记录表格。

③在苗圃中选择有代表性的路线进行踏查。踏查苗木时，需查看顶梢、叶片、茎干及枝条等有无病变、病害症状、虫体及被害状等，必要时挖取苗木检查根部。初步确定病虫种类、分布范围、发生面积、发生特点、为害程度。对在踏查过程中发现检疫性有害生物和其他为害性病虫，需进一步掌握为害情况的，应设立标准地（或样方）做详细调查。

GB 8370—2009
苹果苗木产地
检疫规程

④标准地应选设在病虫发生区域内有代表性的地段。标准地的累计总面积应不少于调查总面积的0.1%～5%，针叶树苗木每块标准地面积为0.1～5 m^2（或1～2 m条播带），阔叶树每块标准地面积为1～5 m^2，对抽取的样株逐株检查。统计调查总株数、病虫种类、被害株数和为害程度，计算感病株率、感病指数、虫口密度、感病率，记入种实苗木产地检疫调查表（表2-7）。

表2-7　种实苗木产地检疫调查表

调查地点＿＿＿＿＿＿＿＿＿＿＿＿；树种＿＿＿＿＿＿＿＿＿＿＿＿；
种源＿＿＿＿＿＿＿＿＿＿＿＿；面积（总株数）＿＿＿＿＿＿＿＿＿；
病虫名称（编号）＿＿＿＿＿＿；发生面积＿＿＿＿＿＿＿＿＿＿＿＿；
发生特点（分布情况）＿＿＿＿；防治措施及效果＿＿＿＿＿＿＿＿＿；

样地（株）号	面积	总株（粒）数	被害株（粒）数	感病（虫）率	虫口密度	各级病株（粒）数					感病指数
						Ⅰ	Ⅱ	Ⅲ	Ⅳ	Ⅴ	

调查单位：　　　　　　　　　　检疫员：　　　　　　　　　年　月　日

2.种子园、母树林的检疫调查

①选设有检疫对象或危险性病虫的种子园或母树林，在检疫性有害生物发生期进行。

②在种子园或母树林中选择有代表性的地段设置标准地。同一类型的林，面积在5 hm^{2}以上时应选设不少于4块标准地，面积在5 hm^{2}以下时，选设1块标准地，每块标准地林木株数应不少于10～15株，按树冠上、中、下不同部位，每株随机采摘种子（果实）10～100个，逐个进行解剖检查。

中华人民共和国进境植物检疫性有害生物名录

③用肉眼或借助放大镜直观检查采摘下的种子（果实）表面有无病害症状、虫体或为害特征（斑点、虫孔、虫粪等）。对种子表面色泽异常的，剖开种粒检查种子内部是否有病害症状、虫体及被害状，确定病虫种类、被害数量及被害率。

④填写产地检疫记录及产地检疫合格证（表2-8、表2-9）。

表2-8　产地检疫记录

产检字第　号　　　　　　　　　　　　　　　　　　　　年　月　日

检疫地点	森林植物或林产品名单	总数量（kg、株、根）	产地检疫情况			危险病虫名称	备注
			抽查数量（kg、株、根）				
			计	不带危险病虫数	带有危险病虫数		
处理意见							

表2-9　产地检疫合格证

省（自治区、直辖市）县林产检字〔　　〕年第　　号

受检单位（个人）	
通信地址	
森林植物及其产品名称	
数量	
产地检疫地点	
预定起运时间	
预定运往地点	

续表

	检疫结果: 经检疫检验,上列森林植物及其产品中未发现森林植物检疫对象、补充森林植物检疫对象和其他危险性森林病虫,产地检疫合格。 本证有效期　　年　月　　日至　　年　月　　日 签发机关(盖森检专用章)　　　　　　　森检人员: 签发日期　　　年　月　日　　(签名或盖章)
备注	

3.贮木场检疫调查

在实训地附近选择一处贮木场,从楞垛表面抽样或分层抽样调查。

对贮木场的原木、锯材、竹材、藤等,每堆垛(捆)抽样不应少于5 m³或3~6根(条),每根样木选设样方2~4个,样方大小一般为20 cm×50 cm(或10 cm×100 cm);检查受检物表面有无蛀孔屑、虫粪、活虫、茧蛹、病害症状等,并铲起树皮,查看韧皮部或木质部内部害虫和菌体。检查结束后填写产地检疫调查表。

4.种子室内检验

(1)害虫检验

对混杂在种子间的害虫可用过筛检验,具体操作方法如下:

标准筛的孔径规格及所需用的筛层数,根据种粒和有害生物的大小而定,检查时,先把选定的筛层按照孔径大小(大孔径的在上,小孔径的在下)的顺序套好,再将种子样品放入最上面的筛层内。样品不宜放得过多或过少,以占本筛层体积的2/3为宜,加盖后进行筛选。筛选时,手动筛选左右摆动20次,在筛选振荡器上筛选0.5 min。然后将第1层、第2层、第3层的筛上物和筛下物分别倒入白瓷盘内,摊成薄薄的一层,用肉眼或借助放大镜检查其中的虫体。将筛下物放在培养皿中,在解剖镜下检查其中的害虫、虫卵的种类和数量。害虫数量可根据下列公式计算:

$$害虫含量(头/kg) = \frac{害虫头数或卵粒数}{代表样品重量(g)} \times 1\,000$$

对种子里的害虫,可采用已学过的剖粒、比重及软X光射线透视等检验方法进行检验。

对隐蔽在叶部或干、茎部的害虫,用刀、锯或其他工具剖开被害部位或可疑部位进行检查，经剖开时要注意虫体完整。

借助显微镜、解剖镜等，参照已定名的昆虫标本、有关图谱、资料等进行识别鉴定。

（2）病原真菌检验

用徒手切片法借助显微镜观察病原真菌的形态特征，并结合采集的病害寄主标本鉴定。

（二）调运检疫

调运程序包括报检、受理、现场检查、除害处理、签发证书5个环节。下面将检疫单证填写和现场检查重点说明如下。

1.阅读和填写检疫单证

调出森林植物的单位和个人要填写"森林植物检疫报检单"，要求调入省的单位或个人要填写"森林植物检疫要求书"，森检机构要对此进行审核。可阅读这些检疫单的内容并会填写（表2-10、表2-11）。

表2-10 森林植物检疫报检单

编号： 检疫日期：

报检人（单位）		地址	
		电话	
森林植物及其产品名称		产地	
数量（重量）		包装	
运往地点		存放地点	
调出时间		运输工具	
调入省的检疫要求：			
检疫结果			
		检疫员： 年 月 日	

附注：双线以上由报检人填写。

表2-11　森林植物检疫要求书

编号：

调入单位或个人填写	申请单位（个人）		申请日期	年　月　日
	通信地址		电话	
	森林植物及其产品名称		数量（重量）	
	调入地点			
	调入时间			
森检机构填写	要求检疫对象名单			
	其他危险性病虫			森检机构专用章 森检员（签名）
	备注			年　月　日

附注：①本要求书一式二联，第一联由调入单位（个人）交调出单位，第二联森检机构留存。
　　　②调出单位（个人）凭要求书向所在地的省、自治区、直辖市森检机构或其委托的单位报检。

检疫合格要签发"植物检疫证书"（表2-12），填写要求如下：

植物检疫证书填写说明

①林（　）检字：（　）内填写签发机关所在省（区、市）的简称。

②产地：详细写明×××省（区、市）×××市（地、盟、州）×××县（市、区、旗）。

③运输工具：注明汽车、火车、轮船、飞机等。

④包装：注明包装形式（如袋装、箱装、筐装、散装、捆装等）和包装材料。

⑤运输起讫：详细写明自××省（区、市）××市（地、盟、州）××县（市、区、旗）至××省（区、市）××市（地、盟、州）××县（市、区、旗）。

⑥发货单位（人）及地址：详细注明发货单位或发货人姓名及详细地址。

⑦收货单位（人）及地址：详细注明收货单位或收货人姓名及详细地址。

⑧有效期限：用阿拉伯数字注明年月日。

⑨植物名称：填写植物品种名称。

表2-12　植物检疫证书（出省）

林（　）检字

产地			
运输工具		包装	
运输起迄	自	至	
发货单位（人）及地址			
收货单位（人）及地址			
有效期限	自　　年　　月　　日至　　年　　月　　日		
植物名称	品种（材种）	单位	数量
合　计			

签发意见：上列植物或植物产品，经（　）检疫未发现森林植物检疫对象、本省（区、市）及调入省
　　　　　（区、市）补充检疫对象、调入省（区、市）要求检疫的其他植物病、虫，同意调运。

委托机关（森林植物检疫专用章）　　　　　　　签发机关（森林植物检疫专用章）

检疫员

签证日期　　年　月　日

注：①本证无调出地省森林植物检疫专用章（受托办理本证的须再加盖承办签发机关的森林植物检疫专用章）和
　　　检疫员签字（盖章）无效。
　　②本证转让、涂改和重复使用无效。
　　③一车（船）一证，全程有效。

⑩品种（材种）：填写种子、种球、块根、草籽、苗木、接穗、插条、盆景、盆花、原木、板材、竹材、胶合板、刨花板、纤维板、果品、中药材、木（竹）制品等。

⑪单位：注明株、根、千克、立方米等。

⑫数量：用阿拉伯数字填写。

⑬签发意见：签发意见栏的（　）中填写"产地"或"调运"或"查验原植物检疫证书"。如有需要说明的其他情况，可在此栏空白处注明。

⑭委托机关：委托市县办理出省《植物检疫证书》的，盖省级森林植物检疫专用章。

⑮签发机关：盖签证机关的森林植物检疫专用章。

⑯检疫员：用书写签字或盖章。

⑰签证日期：用阿拉伯数字填写。

⑱其他：证书为无碳复写纸印制，可用手工填写或计算机打印。手工书写时要使用垫版。填写错误或更改处，需加盖检疫员章。此外，证书保存时应避光、隔热、密封，注意不要被锐器顶碰。

2.调运森林植物的现场检查

（1）被检样品的抽取数量

①种子、果实（干、鲜果）按一批货物总数或总件数的0.5%～5%抽取。

②苗木（含试管苗）、块根、块茎、鳞茎、球茎、砧木、插条、接穗、花卉等繁殖材料按一批货物总件数的1%～5%抽取。

③原木、锯材、竹材、藤及其制品（含半成品）等按一批货物总数或总件数的0.5%～10%抽取。

④散装种子、果实、苗木（含试管苗）、块根、块茎、鳞茎、球茎、生药材等按货物总量的0.5%～5%抽查。种子、果实、生药材少于1 kg，苗木（含试管苗）、块根、块茎、鳞茎、球茎、砧木、插条少于20株时需全部检查。

（2）被检样品的抽取方法

①现场检查散装的种子、果实、苗木（含试管苗）、块根、块茎、鳞茎、球茎、花卉、中药材等时，按照抽样比例，从报检的森林植物及产品中分层取样，直到取完规定的样品数量为止。

②现场检查原木、锯材、竹材、藤等时，按抽样比例，视疫情发生情况从楞垛表层或分层抽样检查。

（3）现场检验

①种子、果实外部检验：将抽取的种子、果实样品倒入事先准备好的容器内，用肉眼

或借助放大镜直接观察种子、果实外部有无伤害情况，把异常的种子、果实拣出，放在白纸上剖粒检查果肉、果核或经过不同规格筛选出虫体、虫卵、病粒、菌核等，做初步鉴定。

②苗木检验：将抽取的苗木（含试管苗）、块根、块茎、鳞茎、球茎、砧木、插条、接穗、花卉等检验样品，放在一块100 cm×100 cm的白布（或塑料布）上，详细观察根、茎、叶、芽、花等各个部位，有无变形、变色、溃疡、枯死、虫瘿、虫孔、蛀屑、虫粪等，做初步鉴定。

③枝干、原木、锯材、竹材、藤及其制品（含半成品）检验：现场仔细检查枝干、原木、锯材、竹材、藤等外表及裂缝处有无溃疡、肿瘤、流脂、变色、虫体、卵囊、虫孔、虫粪、蛀屑等，做初步鉴定。

④中药材、果品、野生及栽培菌类检验：用肉眼或借助扩大镜直接观察种子、果实表面有无为害症状（斑点、虫体、虫粪等），并剖开检查内部，确定病虫种类、数量，做初步鉴定。

3.除害处理

对受检的森林植物及其产品，经现场检查、室内检验，并做好记录（表2-13）发现检疫对象或其他危险病虫的，森检机构需签发"检疫处理通知单"（表2-14），责令受检单位（个人）按规定要求进行除害处理。对无法除害处理的森林植物及产品，责令改变用途或控制使用，采取上述措施均无效时，应予销毁。

检疫处理与出证

表2-13　现场检疫记录

时间：
地点：
应施检疫的森林植物及其产品：
检疫记录：

续表

检疫结果:
专职检疫员签名:　　　　　　　　　　　被检单位负责人签名:

表2-14　检疫处理通知单

省（自治区、直辖市）　　　　　　　　　　　　县林检处字〔　　〕年第　号

受检单位（个人）	
通信地址	
森林植物及其产品	
数量	
产地或存放地	

运输工具		包装材料	

经检疫检验，上列森林植物及其产品中发现有下列森林病虫:

根据《植物检疫条例》第　　条
的规定，必须按如下要求进行除害处理:

签发机关（盖森检专用章）　　　　　　森检人员:

　　　　　　　　　　　　　　　　　　（签名或盖章）

　　　　　　　　　　　　　　　　签发日期:　　年　　月　　日

附注：①本通知一式二份，一份交受检单位或个人，一份存签证机关。
　　　②数量单位：千克、立方米、株、件、公顷。

检疫处理方法按其类型可区分为：①生态学方法（避害方法），包括改变运输方向、改变用途、限制使用范围及加工方式、退货或销毁；②物理学方法（排除、铲除），包括机械处理（如筛选、风选、水选）、剪除病虫部位、热处理、冷处理、辐射处理、微波处理；③化学方法（排除、铲除），包括广泛使用的熏蒸、喷药、拌种，药剂浸渍等；④生物方法，包括脱毒等。

（1）退回处理

当货主或代理商不愿销毁携带有危险性有害生物的检疫物时，应当将货物退给物主，不准其进境、出境，或不准其过境，或就地封存，不准货主将货物带离运输工具。

（2）除害处理

除害是检疫处理的主要措施，可直接铲除有害生物而保障贸易安全。常用的除害方法有：①机械处理。即利用筛选、风选、水选等选种方法汰除混杂在种子中的菌瘿、线虫瘿、虫粒和杂草种子，或人工切除植株、繁殖材料已发生病虫害的部位，或挑选出无病虫侵染的个体。②熏蒸处理。熏蒸是当前应用最广泛的检疫除害方法，即利用熏蒸剂在密闭设施内处理植物或植物产品，以杀死害虫和螨类，部分熏蒸剂兼有杀菌作用。③化学处理。即利用熏蒸剂以外的化学药剂杀死有害生物，但处理后应注意保护检疫物在储运过程中免受有害生物的污染。化学处理是防除种子、苗木等繁殖材料病虫害的重要手段，也常用于交通工具和储运场所的消毒。④物理处理。即用高温、低温、微波、高频、超声波以及核辐照等处理方法杀死有害生物。该方法多兼具杀菌、杀虫效果，可用于处理种子、苗木、水果等。

（3）限制处理

限制处理措施不直接杀死有害生物，仅使其"无效化"而不能接触寄主或不能产生危害，所以也称为"避害措施"。限制的原理是使有害生物在时间或空间上与其寄主或适生地区相隔离。限制处理方法有：①限制卸货地点和时间。如热带和亚热带植物产品调往北方口岸卸货或加工，北方特有的农作物产品调往南方使用或加工。植物产品若带有不耐严寒的有害生物，则可在冬季进口及加工。②改变用途。例如植物种子改用加工或食用。③限制使用范围及加工方式。如种苗可有条件地调往有害生物的非适生区使用等。

（4）隔离检疫处理（也称入境后检疫）

进境植物繁殖材料在特定的隔离苗圃、隔离温室中种植，在生长期间实施检疫，以利于发现和铲除有害生物，保留珍贵的种质资源。

（5）销毁处理

当不合格的检疫物无有效的处理方法或虽有处理方法，但在经济上不合算、在时间上不允许时，应退回或采用焚烧、深埋等方法销毁。国际航机、轮船、车辆的垃圾、动植物性废弃物、铺垫物等均用焚化炉销毁。

四、任务评价

本任务评价表如表2-15所示。

表2-15 "植物检疫"任务评价表

工作任务清单	完成情况
会实施检疫性有害生物的产地检疫	
会实施检疫性有害生物的调运检疫	
会确定检疫性有害生物的除害处理方式	

任务二 农业技术防治

一、任务验收标准

会利用农业技术措施进行经济林病虫害的控制。

二、任务完成条件

抗病虫品种的苗木、修枝剪、铁锹、种苗处理的药剂及教学用多媒体课件等。

三、任务实施

农业技术防治就是根据病虫害发生条件与植物栽培管理措施之间的相互关系，结合整个农事操作过程中各方面的具体措施，有目的地创造有利于植物生长发育而不利于病虫发生的生态环境，以达到直接或间接抑制病虫的目的。农业防治法涉及面很广，概括为以下几个方面。

1.育苗技术措施

苗木是植物生长的基础，苗木质量直接影响植物的生长发育、结果、品质及抗病虫能力，育苗措施是农业防治法的基础、关键。

在选择新的育苗基地时，除考虑环境条件、自然条件、社会条件外，还必须考虑病虫害的发生情况。在规划设计之前，要进行土壤病虫害及周围环境病虫害的调查，了解其种类、数量，如发现有危险性病虫或某些病虫数量过大时，必须采取适当的措施进行处理，处理后符合要求才能使用，否则需另选基地，以免造成更大的损失。

圃地选好后要深翻土壤，这样不但可以改良土壤结构，提高土壤肥力，而且可以消灭相当数量的土壤中的病虫；选种一定要慎重，一方面要根据土壤条件、环境条件选择合适的品种，进行合理布局，另一方面要选无病虫、品种纯、发芽率高、生长一致的优良繁殖材料，这样利于管理，也利于减少病虫为害；出苗后要及时进行中耕除草、合理施肥、适时适量灌水、间苗等农事操作，尽力给苗木生长创造一个适宜的环境条件，提高苗木抗性；苗木出圃分级时，应进行合理的修剪和种苗处理。常用的种苗消毒方法如下：

石硫合剂消毒：用4～5°Bé药液浸根10～20 min，再用清水洗1次。

波尔多液消毒：用1：1：100式的药液浸苗木20 min，再用清水洗1～2次，同时可喷洒地上部分。

氰酸气杀虫：在密闭环境中用氰酸钾300 g，水900 mL，最后倒入450 g硫酸，熏蒸60 min。

在育苗的各项农事操作中，要尽力满足建立无病虫种苗基地的要求，苗木质量的好坏直接影响植物生长发育的优良、果实产量的高低和品质的优劣。我们要抓好每一环节，严格把关，杜绝带病虫的苗木出圃，力争建立无病虫种苗基地。

2.栽培管理技术措施

苗木是植物生长的基础，栽培管理措施对植物的生长发育和对病虫害的抵抗能力也是至关重要的。

在果园规划设计时必须遵循"适地适树"的原则，这对植物的生长和病虫害防治都有重要的意义。在栽培管理工作中，土、肥、水管理一定要跟上，许多生产经验证明，树势健壮，枝繁叶茂，病虫害则轻；而树势衰弱，病虫害则重。结合果树的冬夏季修剪，剪除病虫部分，并集中处理是一举两得的经济措施；同时要及时清除病落叶，以减少病虫害。刨树盘在果树管理中也很有意义，不但可疏松土壤，促进根系生长，还可减少、消灭土壤中的病虫害；果实的采收要在合适的时间用合理的方法，否则会影响树势和产品的产量、质量，给病虫害的发生创造机会。

3.选育抗病虫品种

选育抗病虫品种是防治中最基本的措施。病虫害对寄主植物的理化特性均有一定的要求和适应性，为害程度与植物的形态结构及生理状况是紧密相关的。我们在育种工作中，一定要注意提高品种本身的抗病虫性能，实行群选群育，因地制宜地选育品种。在果园的设计中，要针对当地主要的病虫害及立地条件，选择合适的抗病虫、丰产的优良品种，这是高产稳产的基本保证，也是病虫害防治的基本环节。

四、任务评价

本任务评价表如表2-16所示。

表2-16 "农业技术防治"任务评价表

工作任务清单	完成情况
根据环境条件、自然条件、社会条件、病虫害的发生情况选择育苗基地	
懂一定的栽培管理技术,会进行合理的修剪和种苗处理	
针对当地主要的病虫害及立地条件,选择合适的抗病虫、丰产的优良品种	

任务三 物理机械防治

一、任务验收标准

会利用物理机械防治措施进行经济林病虫害的控制。

二、任务完成条件

频振式杀虫灯(黑光灯)、诱捕器、修枝剪、草把、布环、糖醋液、黄板、粘虫胶及教学用多媒体课件等。

三、任务实施

物理机械防治是指利用物理因子或机械作用对有害生物生长、发育、繁殖等进行干扰,人工和机械消灭有害生物或改变其物理环境,不利有害生物生存或阻隔侵入的防治方法。物理因子包括电、声、光、温度、湿度、射线、辐射能等。机械作用包括人力扑打,使用简易的器具、器械装置,直至应用现代化的机具设备等。物理机械防治主要的优点是见效快,适于应急救治,尤其是对一些用化学防治难以凑效的病虫害,缺点是费工,效率较低,是一种辅助的防治措施。常用方法可分为以下5类。

(一)人工机械法

人工机械法是指通过汰除或捕杀防治有害生物的方法,对植物病害而言,可拔除病株,剪除病枝叶,刮除茎干病斑,汰除带病种子;对虫害可采取扑打、震落、网捕、摘除、刮树皮人工直接捕杀等。

人工直接捕杀适合于具有假死性、群集性或其他目标明显易于捕捉的害虫,如多数金龟甲、象甲的成虫具有假死性,可在清晨或傍晚将其震落杀死。榆蓝叶甲的幼虫老熟时群集于树皮缝、树疤或枝杈下方化蛹，此时可人工捕杀。冬季修剪时，剪去黄刺蛾茧、蓑蛾袋囊，刮除舞毒蛾卵块等。在生长季节也可结合苗圃日常管理，人工捏杀卷叶蛾虫苞、摘除虫卵、捕捉天牛成虫等。此法的优点是不污染环境，不伤害天敌，不需防治设备，便于开展群众性的防治，特别是在劳动力充足的条件下更易实施。缺点是工效低，费工多。

（二）诱杀法

诱杀法是指利用昆虫的趋性，配合一定的物理装置、化学毒剂或人工处理来防治害虫的方法，可细分为灯光诱杀、食饵诱杀、潜所诱杀等。利用昆虫对光的趋性，人为设置灯光诱杀害虫的防治方法称为灯光诱杀。利用害虫对食物气味的趋性，配置适当的食饵诱杀害虫的方法称为食饵诱杀，如配制糖醋液诱杀蛾类、新鲜马粪诱杀蝼蛄等。利用一些害虫具有选择特殊环境潜伏的习性，人工设置类似的环境诱杀害虫的方法称为潜所诱杀，如树干缚草诱集松毛虫幼虫进入越冬，苗床周围堆草诱集地老虎幼虫，放置木段供天牛产卵等。另外，利用害虫对某种颜色的喜好性而将其诱杀称为颜色诱杀，如以黄色纸诱杀刚羽化的落叶松球果花蝇成虫等。下面以"杀虫灯安装使用"为例介绍灯光诱杀法。

LYT 2112—2013 苹果蠹蛾防治技术规程

森林食虫鸟人工巢箱招引

1.杀虫灯诱虫原理

自然界大多数昆虫的视觉神经对波长330～400 nm的紫外线特别敏感，具有较强的趋光性，生产上采用该波段制出来的灯来诱杀害虫称为黑光灯，也称杀虫灯。它是一种特别的气体放电灯，与一般照明的萤光灯相似，但灯管内壁所涂的光粉不同，一般为磷涂层，能发出波长为360 nm的紫外光波。据统计，在森林中放置黑光灯，能诱杀10目100多个属1 300多种昆虫。灯光诱集通常在无风、无月、闷热的天气效果最好，一夜中以19：00—21：00诱杀量最大。利用黑光灯诱虫，诱集面积大、成本低，能消灭大量虫源，降低下一代虫口密度；还可用于害虫种类、分布和虫口密度调查和预测预报。由于许多天敌昆虫也有趋光性而被杀死，同时使光源附近的害虫虫口密度增大，因此，在诱虫灯附近地块应采取适当的补救措施。

2.杀虫灯类型

黑光灯按光源类型可分为高压汞灯黑光灯、荧光低压汞灯黑光灯和金属卤化物黑光灯；供电方式有市网交流电、电瓶、干电池和太阳能等；功率有20 W、22 W、30 W、40 W、50 W、150 W、200 W、250 W等；额定电压有200 V、380 V；开关有手动、光控、雨控、人工定时等多种。黑光灯由灯管及配件（整流器、继电器、开关等）、防雨罩、挡虫板（3～4片）、灯架等几部分组成。高压电网灭虫灯由黑光灯、变压器、电网及保护指示器等组成，工作时电网上电压有3 000～5 000 V，诱来昆虫触网即被电击死。

3.杀虫灯安装使用（以Ps-15Ⅱ型佳多牌频振式杀虫灯为例）

在校园内或附近苗圃、幼林地选择一块开阔地，在阅读产品说明书、熟悉杀虫灯的构造性能及技术指标后，将箱内吊环固定在顶帽的圆孔内旋紧；将附带的边条用螺丝固定在接虫盘四周，接虫袋固定在接虫口上（最好采用专用接虫袋）；架设木制三角架，接虫口对地距离以1～1.5 m为宜（树高超过1.5 m时，灯的高度可略高于树木）；按照灯的指定电压接通电源后闭合电源开关，指示灯亮，经过30 s左右整灯进入工作状态；晚上开灯后（雷雨天气不要开灯），观察统计诱集情况；收灯后，将灯擦干净再放入包装箱内，并用泡沫板垫住下底部。如包装箱损坏，应将频振灯吊于室内保管。

注意事项：

安装时要做到线好、灯亮、有高压、接虫袋子按标准挂；接通电源后切勿触摸高压电网，出现故障后务必切断电源进行维修；每天都要清理一次接虫袋和高压电网的污垢，清理时一定要切断电源，顺网横向清理，如污垢太厚，应更换新电网或将电网拆下，用清网剂清除污垢，然后重新绕好，绕制时一定注意两个高压电网不要短路。

（三）温控法

温控法是指利用高温或低温来控制或杀死病菌、害虫的一类物理防治技术，如土壤热处理、阳光暴晒、繁殖材料热处理和冷处理等。

（四）机械阻隔法

机械阻隔法是指根据病菌、害虫的侵染和扩散行为，设置物理性障碍，阻止病菌、害虫的为害与扩展的方法，如设防虫网、挖阻隔沟、堆沙、覆膜、套袋等。

（五）射线物理法

射线物理法是指利用电磁辐射对病菌、害虫进行灭杀的物理防治技术，常用射线有电波、X射线、红外线、紫外线、激光、超声波等，多用于处理种子，处理昆虫可使其不育。

四、任务评价

本任务评价表如表2-17所示。

表2-17 "物理机械防治"任务评价表

工作任务清单	完成情况
能依据病虫害发生规律选择恰当的人工机械法进行防治	
懂杀虫灯原理、会杀虫灯的安装使用	
利用一些害虫具有选择特殊环境潜伏的习性，进行潜所诱杀	
利用害虫的趋光性进行黄板诱杀，会制作诱虫板	
会高压灭菌、电磁辐射、设防虫网、覆膜、套袋等技术	

任务四 生物防治

一、任务验收标准

①能准确识别鉴定3种寄生蜂的虫态。

②会设计寄生蜂释放作业方案。

③会寄生蜂防效检查并分析结果。

④会根据害虫种类选择相应的昆虫诱捕器类型。

⑤会制订昆虫诱捕器布设方案。

⑥能正确安装昆虫诱捕器。

二、任务完成条件

镊子、剪刀、玻璃指形管、剪枝剪、饲养筐、绵塞、图钉、皮筋、昆虫诱捕器、人工合成诱芯、铁丝、粘虫胶、双面胶、纸板、签字笔、各种调查记录表及教学用多媒体课件等。

管氏肿腿蜂人工繁育及应用技术规程LY/T1705—2007。

白蛾周氏啮小蜂人工繁育及应用技术规程LY/T1704—2007。

三、任务实施

（一）寄生蜂人工繁育与释放

寄生蜂是寄生于某些昆虫（鳞翅目、鞘翅目、膜翅目、双翅目）幼虫、蛹及卵中膜翅目蜂类的统称。其种类甚多，多数属细腰亚目（极少数为广腰亚目），如姬蜂总科、细蜂总科、肿腿蜂总科、土蜂总科、青蜂总科、小蜂总科等，它们是农林害虫重要的寄生性天敌。在林业上，目前应用最广泛的主要有松毛虫赤眼蜂、白蛾周氏啮小蜂和管氏肿腿蜂。

生物防治概述

生物防治的内容

松毛虫赤眼蜂属于膜翅目、小蜂总科、纹翅卵蜂科、赤眼蜂属，是专门寄生在许多害虫卵中的一种小型寄生蜂，是我国松毛虫的重要卵期寄生性天敌，分布于河北、四川、江西、安徽、江苏等地。

白蛾周氏啮小蜂属膜翅目、姬小蜂科，是最先发现于美国白蛾蛹内的寄生蜂，也是目前控制美国白蛾的重要天敌，具有寄生率高、繁殖力强、雌雄性比大等优点。

管氏肿腿蜂是膜翅目、肿腿蜂科的一种天敌昆虫，主要寄主是天牛类害虫，在生产中主要用于防治各类天牛，如青杨天牛、松褐天牛、光肩星天牛等，对控制天牛为害具有重要作用。管氏肿腿蜂主要分布于我国河北、山东、陕西、山西、河南、广东、湖南、江苏等地，随着人工繁殖技术的日益成熟，该蜂在内蒙古、吉林、辽宁、甘肃、安徽、北京、贵州、湖北、浙江、江苏、广东、山东、青海等地被大规模地用于生物防治。

利用上述3种寄生蜂防治蛾类和天牛森林害虫，是生物防治的重要手段之一，是林业工作者应该掌握的技能之一。整个繁育释放过程大体包括蜂种采集、种蜂筛选、种蜂扩繁、蜂种复壮、冷藏贮存、虫情调查、林间释放、寄生调查等。

1.寄生蜂形态识别

（1）松毛虫赤眼蜂

①形态。

a.雌蜂。在15 ℃下培养出现的成虫体黄色，中胸盾片淡黄褐色；腹基部末端呈现褐色；20 ℃下培养出来的个体中胸盾片色泽仍为淡黄褐色，腹部仅末端呈褐色；在25 ℃以上培养出来的个体全部呈黄色，仅腹部末端及产卵器末端有褐色的部分。

b.雄蜂。体长0.5～1.4 mm，体黄，腹部呈黑褐色。触角毛长；前翅臀角上的缘毛长度为翅宽的1/8。

②生物学特性。

松毛虫赤眼蜂的发育起点温度为5 ℃，完成1个世代需有效积温235日度，人工繁殖赤眼蜂的最适温度为25 ℃。在25 ℃条件下，以柞蚕卵为寄主，完成1个世代需12 d，相对湿度要求在70%～80%。成虫有较强的趋光性，故繁蜂室忌强光直射，一般采用遮黑措施。松毛虫赤眼蜂在羽化交配后即产卵，绝大部分卵在第1天内产出，少数能继续产两天卵。成虫寿命一般为2 d，最长7 d。以柞蚕剖腹卵作寄主，1头雌蜂平均寄生卵数为1.78粒，子蜂数72.6头。

（2）白蛾周氏啮小蜂

①形态。

a.雌蜂。体长1.1～1.5 mm。红褐色稍带光泽，头部、前胸及腹部色深，尤其是头部及前胸几乎呈黑褐色，胸腹节、腹柄节及腹部第一节色淡；触角各节为褐黄色；上颚、单眼为褐红色；胸部侧板、腹板为浅红褐色带黄色；3对足及下颚、下唇复合体均为污黄色；翅透明，翅脉色同触角。

b.雄蜂。体长1.4 mm左右，近黑色略带光泽，并胸腹节色较淡，腹柄节、腹部第一节基部为淡黄褐色，触角及2分裂的唇基片为黄褐色，足除基节色同触角外，其余各节均为污黄色。

②生物学特性。

1年7代，以老熟幼虫在美国白蛾蛹内越冬，群集寄生于寄主蛹内，其卵、幼虫、蛹及产卵前期均在寄主蛹内度过。雌蜂平均怀卵量270.5粒，雌雄比为44∶1～95∶1，人工接蜂时雄蜂可忽略不计。冬季无滞育现象。成蜂在寄主蛹中羽化后，先进行交配（无重复交配现象），随后咬一"羽化"孔爬出，其余的成蜂均从该孔羽化而出。刚羽化的成蜂当天即可产卵寄生。从卵产入寄主蛹中至成蜂羽化、咬破寄主蛹壳出来这一时期的有效积温和发育起点温度分别是365.12日度和6.14 ℃。人工繁殖时可用当天"羽化"出来的雌蜂接蜂，或"羽化"出后1～2 d的雌蜂接蜂。接蜂后，雌蜂异常活跃，迅速爬到寄主体上，伸出产卵器，试探着刺入寄主蛹中，然后产卵。在自然界中还可寄生多种鳞翅目食叶害虫〔如榆毒蛾（Ivela ochropoda）、柳毒蛾（Stilpnotia salicis）、杨扇舟蛾（Clostera anachoreta）、杨小舟蛾（Micromelalopha troglodyta）、大袋蛾（Clania variegata）、国槐尺蠖（Semiothisa cinerearia）〕，能保持较高的种群数量。

（3）管氏肿腿蜂

①形态。

a.雌蜂。体长3～4 mm，分无翅和有翅两型。头、中胸、腹部及腿节膨大部分为黑色，后胸为深黄褐色；触角、胫节末端及跗节为黄褐色；头扁平，长椭圆形，前口式；触角13节；前足腿节膨大呈纺锤形，足胫节末端有2个大刺；跗节5节，第5节较长，末端有2爪。有翅型胸部黑色，翅比腹部短1/3，前翅亚前缘室与中室等长，无肘室，径室及翅痣中室后方之脉与基脉相重叠，前缘室虽关闭，但其顶端下面有一开口。

b.雄蜂。体长2～3 mm，亦分有翅和无翅两型，但97.2%的雄蜂为有翅型。体色黑，腹部长椭圆形，腹末钝圆，有翅型的翅与腹末等长或伸出腹末之外。

②生物学特性。

管氏肿腿蜂1年发生的代数因不同地区而异。管氏肿腿蜂在山东1年5代，广州1年7～8代。雌蜂具有较强的搜索能力，能咬破树皮或穿越虫粪障碍搜索到寄主。雌蜂爬行较快，1 min可爬行0.5 m左右。肿腿蜂为典型的抑性寄生蜂，其在产卵之前，会用尾刺刺螫寄主，并注射毒素致其麻痹，然后清理寄主再产卵，其产卵方式为卵谐产类，即成熟一批卵产一批卵。因此，肿腿蜂一生可以多次产卵，在室内饲养条件下，最多可以产卵5次。其吸食寄主体液补充营养，因而在补充营养过程中会导致部分寄主死亡。肿腿蜂单次的产卵量在几粒至几十粒不等，多为十几粒至二十几粒。一头雌蜂一生可产卵100多粒。肿腿蜂具有很强的抚幼习性，产完卵之后，母蜂并不离开，一直守候在后代附近，清理感病的个体，或移动幼虫到营养丰富的部位，攻击入侵者，直到后代羽化之前，母蜂才离开再寻找新的寄主寄生。肿腿蜂雄蜂比雌蜂先羽化，一般早1～2 d，先羽化的雄蜂会咬破雌蜂的茧并与其中的雌蜂交配。管氏肿腿蜂的雌雄性比为18:1，雄蜂羽化后3~5 d即死亡，而雌蜂一般可以存活30~60 d，补充营养之后寿命更长。雄蜂全部具翅，而雌蜂绝大多数无翅，形似蚂蚁，只有不到5%的雌蜂具翅。肿腿蜂的发育与温湿度密切相关，在26 ℃完成1个世代约30 d，其中卵期和幼虫期较短，卵期1~2 d，幼虫期6~7 d，蛹期较长，约20 d。另外，林间管氏肿腿蜂以雌成蜂越冬。

成虫在寄主虫道或虫瘿中越冬，室温25~27 ℃，相对湿度60%~80%，平均每代历期一个月，全年可繁殖11代，雌蜂寿命1个月左右，雄蜂寿命8~11 d。该蜂上颚发达，体壁坚硬，因而钻蛀能力强，找到寄主以后，反复蛰刺寄主并分泌毒素使寄主麻痹，吸取寄主体液补充营养。肿腿蜂的卵都产在寄主幼虫节间，蛹的触角、足、腹部等褶皱部位，卵散产。

2.松毛虫赤眼蜂林间释放

（1）蜂卡加温

放蜂最重要的一环就是掌握好赤眼蜂羽化与害虫产卵相吻合，使"蜂卵相遇"。为此必须确切地掌握虫情，定期观察记载害虫各虫态出现的数量及各占的百分比。适时掌握松毛虫的发育动态，准确预测成虫产卵始、盛、末期以及落卵量，确定适宜的释放时间，提前通知天敌繁育场及时加温赤眼蜂蜂卡，做到生产与应用紧密衔接。对赤眼蜂的出蜂时间可用有效积温法计算。

例如，赤眼蜂已在25 ℃温度条件下发育了3 d，放入冰箱一段时间取出后，在25 ℃条件下还需要多少天出蜂？

计算如下：

235（日度）=（25-5）×3+（25-5）×X，X = 8.75。即在25 ℃下，8.75 d即可出蜂。

此外，还可解剖卵粒，检查赤眼蜂的眼睛是否变红（称育红期），如已育红，还有2~3 d即可出蜂。

（2）虫情调查

查清拟防治害虫的生活史、发生地点和面积，及时掌握为害虫态的发生时期和发育进度，以便决定放蜂的最佳时期。放蜂前，在害虫发生区设立标准地，在标准地内选取样树20株，调查害虫平均虫口密度和有虫株率，为确定放蜂量提供依据。

（3）林间释放

放蜂的方法是在林内挂卵卡，放蜂虫态以蛹后期为宜。为了保持一定湿度，把将要羽化出蜂的蜂卡用树叶卷包，用大头针将蜂卡钉在树枝的背阴面或树干逆风向举手高处。蚂蚁常吃掉蜂卡上的卵粒，可将机油和硫黄粉（3∶1）混合剂涂在枝条上，以防蚁害。每亩可设6~8个放蜂点，放蜂时注意天气情况，大风、大雨天不宜放蜂。放蜂量与放蜂次数一般应根据虫口密度大小而定，虫口密度大可放蜂2~3次，放2次时可在卵初期和卵盛期各1次。放蜂3次可在初、盛、末期各放1次。放蜂总量各地不一，一般每亩5万~10万头。每次放蜂的数量如放蜂3次的可按25%、60%、15%，两次的按30%、70%即可。

林业上，落叶松毛虫适宜放蜂时间为7月初，杨小舟蛾适宜放蜂时间为6月上旬，分月扇舟蛾适宜放蜂时间为6月上旬或7月中旬。

（4）效果调查

各次放蜂后8 d、15 d，在对照区、放蜂区采取随机或定点调查方法确定单位面积内或株数内的卵量基数，并分别考查其自然寄生率。在放蜂区内用对角线随机取样，采卵块或卵粒制成卵卡。数好粒数，每100粒为1组，根据赤眼蜂羽化孔求出卵寄生率，根据这种方法和下列公式求出虫口密度下降率和卵粒寄生率。

$$虫口密度下降率 = \frac{对照区虫口密度 - 放蜂区虫口密度}{对照区虫口密度} \times 100\%$$

$$卵粒寄生率 = \frac{寄生卵粒数}{总卵粒数} \times 100\%$$

放蜂后虫口密度比防治前大大降低，但虫口密度大，剩余存活的基数也越大，如放蜂后不采取其他措施仍不安全，所以放蜂后要认真检查，辅以人工防治，把虫口密度压缩到最低限度。

3.白蛾周氏啮小蜂林间释放

（1）暖蜂

根据林间放蜂时间，应将接蜂后保存的冷藏蛹提前取出，在恒温室（箱）暖蜂。暖蜂温度应逐渐升高（每2~3 h升高5 ℃），1 d后控制在25~28 ℃某一恒定水平，相对湿度保持在70%~80%，暖蜂时应注意通风。出蜂时间应与美国白蛾老熟幼虫期和化蛹初期吻合，并对柞蚕蛹中蜂的质量进行检查，要求如下。

①颅顶板清白透明，环节紧凑，不萎缩，蛹皮坚韧有光泽，脂肪饱满细腻，血液清晰、黏度大，体内无红褐色渣点，中胃坚硬有节附白膜的健康柞蚕蛹（茧）在95%以上。

②柞蚕蛹被白蛾周氏啮小蜂寄生率在98%以上。

③柞蚕蛹出蜂量在4 000~5 000头/蛹。

④白蛾周氏啮小蜂雌雄比在85：15以上。

⑤白蛾周氏啮小蜂每雌产卵量平均在200粒以上。

（2）释放时间

美国白蛾老熟幼虫期和化蛹初期为最佳放蜂期，释放时间应根据各地气候和美国白蛾发育进度决定。应选择气温25 ℃以上时放蜂，晴朗、风力小于3级的天气，10—16时进行。

（3）释放量计算

一个防治区内总放蜂量根据美国白蛾的数量和放蜂方式来决定。接种式释放蜂虫比1：1为宜，淹没式释放蜂虫比3：1为宜。

总放蜂量计算公式为：

$$TN = W \times EN \times n$$

式中　TN——总放蜂量，头；

　　　W——美国白蛾网幕数，个；

　　　EN——每一网幕中美国白蛾幼虫平均数，头；

　　　n——释放量常数，接种式释放时取1，淹没式释放时取3。

计算方法：在美国白蛾网幕幼虫期，随机剪取网幕20个，调查每个网幕中的幼虫数量，求出每个网幕中的幼虫平均数（EN）。再随机抽样调查每株树上的平均网幕数，根据防治区的林木总株数算出总网幕数（W）。根据总网幕数和每个网幕内的幼虫平均数，计算出防治所需要的总放蜂量（TN）。

（4）释放方法

重点防治区应进行淹没式放蜂防治，再连续进行接种式放蜂防治。预防区应采取连续接种式放蜂防治。释放防治要求连续进行3～5代。

把即将羽化出蜂的柞蚕茧用皮筋套挂或直接挂在树枝上，或用大头针钉在树干上，让白蛾周氏啮小蜂自然羽化飞出。为防止其他动物侵害，可用树叶覆盖。可随时挂放，但应均匀有序。

用试管、指形管或其他器皿繁殖的，在即将出蜂时，可直接将其放在树干基部，揭开堵塞物，让白蛾周氏啮小蜂飞出。放完后收回器具，以备再用。

1个世代应释放2次蜂，第1次应在美国白蛾老熟幼虫期，第2次宜在第1次放蜂后7～10 d（即美国白蛾化蛹初期）进行，也可将白蛾周氏啮小蜂发育期不同蜂蛹混合一次性放蜂。

放蜂时可随机挂放，但应均匀有序。

（5）放蜂效果检查

检查内容为白蛾周氏啮小蜂寄生率和美国白蛾有虫株（网）率。

放蜂后10～12 d，采集放蜂区美国白蛾蛹，统计被寄生情况，把认定为被寄生的蛹装入试管中，每管1只放入25 ℃的培养箱培养，待成虫羽化或出蜂后进一步认定具体种类，分别统计白蛾周氏啮小蜂和其他天敌的寄生率。有虫株（网）率在下一代美国白蛾幼虫网幕期调查。

寄生率计算公式如下：

$$寄生率 = \frac{被白蛾周氏啮小蜂寄生的蛹数}{调查总蛹数} \times 100\%$$

有虫（网）株率计算：

$$有虫（网）株率 = \frac{调查发现美国白蛾虫（网）株数}{调查总株数} \times 100\%$$

总寄生率测算：

用白蛾周氏啮小蜂与其他8种美国白蛾寄生性天敌之间的总寄生率回归模型测算。

$$y = -51.607\ 95 + 77.475\ 12\ \lg x$$

式中　y——总寄生率，%；

　　　x——白蛾周氏啮小蜂的寄生率，%。

注：8种美国白蛾寄生性天敌为日本追寄蝇（Exorista japonica）、舞毒蛾黑瘤姬蜂（Coccygonimus disparis）、稻苞虫黑瘤姬蜂（Coccygomimus parnarae）、白蛾黑棒啮小蜂（Tetrastichus septentrionalis）、白蛾派姬小蜂（Pediobius elasmi）、白蛾黑基啮小蜂（Tetrastichus nigricoxae）、白蛾索棒金小蜂（Conomorium cunea）、广大腿小蜂（Brachymeria lasus）。

4.管氏肿腿蜂的释放

（1）放蜂量确定

放蜂量视天牛害虫为害情况而定。首先，将害虫为害的林区15～20 hm²为一小班，按照随机抽样的办法，将林木受害率调查清楚，不同的虫株率放蜂量不同。

一般放蜂量＝林木存有量×有虫株率×80（头），每1/ 15 hm²放蜂1 500～2 500头，以达到既不浪费蜂又达到防治效果的目的。单株古树因社会经济价值高，放蜂量应适当加大，每株放蜂200～500头，视大小而定。

（2）放蜂方法

放蜂前用随机抽样的方法调查放蜂林地寄主虫口密度及幼虫、蛹的发生期。根据林木生长状况和林分受害程度，确定放蜂方法。苗圃防治时，以设点放蜂较为适宜，每隔50 m设一点。较大的树防治时，采用逐株或隔株放蜂。放蜂时选直径小于放蜂管口径的枝条，剪断一小枝，留茬5～10 cm，然后将棉球拔出，把蜂管套在剪好的枝茬上，管口留有缝隙，肿腿蜂就会爬出寻找寄主。放蜂4 h后，即可将空管收回。

根据寄主条件，幼虫和蛹的出现时期，确定大致放蜂时间。放蜂一般在上午9～10时开始，日光照射玻璃管，天牛幼虫蛀入枝干髓心，筑纵向坑道时放蜂。青杨天牛防治的最适放蜂时间是7—8月。

根据林地虫口密度及树木大小确定蜂虫比例。对1～2年生的林木、冠形较小的丰产林和苗圃大苗，蜂虫比为2∶1。对3～5年生的林木，蜂虫比为3∶1。对5年生以上林木，蜂虫比为3∶1～8∶1。防治青杨天牛、白杨透翅蛾等树冠枝条害虫时，蜂管放置高度为1.5 m左右。防治杨大透翅蛾等根基、干部害虫时，应靠近为害部位偏下放置。

应选择晴朗风小的天气，避开阴雨天、大风天放蜂。若放蜂后遇大风、阴雨天应补放。 在有蚂蚁为害的林地放蜂时，蜂管应放在靠近寄主的部位。放蜂林地内，禁止使用化学农药。

（3）效果检查

放蜂后15～30 d检查效果。用随机抽样的方法检查寄生率，在放蜂林地内，对林带用"Z"字形机械取样法，片林用对角线或棋盘式机械取样法，随机抽取不少于放蜂林地数5%的样株，在样株上选取虫瘿并作解剖，统计寄生率。

$$寄生率 = \frac{调查虫瘿数 - 未被寄生的虫瘿数}{调查虫瘿数} \times 100\%$$

$$防治效果 = \frac{放蜂区虫口死亡率 - 对照区虫口死亡率}{1 - 对照区虫口死亡率} \times 100\%$$

经检查，放蜂寄生率达到50%左右即为理想；放蜂寄生率未达到20%应补放。

（二）昆虫性信息素诱捕监测林木害虫

使用昆虫性信息素诱捕监测森林害虫是林业工作者应该掌握的一项技能，工作任务流程为：虫情调查→诱捕器种类确定→制订诱捕器布设方案→组装诱捕器→现场布设→日常管理→效果调查→诱捕器回收保存等。

昆虫性信息素概述

1.地点选择

根据事先制订的工作方案，现场勘查，设置诱捕器悬挂地点。诱捕器悬挂地点应选择在地势开阔，周围无遮挡物的地块。每100 m设1个诱捕器，诱集半径为50 m。

2.设置高度

用于第1代和第2代监测时，下端距地面以5～6 m（树冠中上层）为宜；用于越冬代监测时，下端距地面以 1.5~2 m（树冠下层）为宜。

3.诱捕器的安装

（1）三角形诱捕器的安装方法

①按画好的折线，将遮雨盖折成三角形，用铁丝从顶部两端的圆孔固定。

②把涂好胶的板揭开，胶面朝上放在诱捕器底部。

③诱芯用铁丝串起，挂于顶部圆孔处，诱芯应距离底部胶片 1~2 cm（图2-1）。

（2）桶形诱捕器的安装方法

①扣合上桶和下桶，将上盖固定于上桶。

②用铁丝穿过上盖的小孔，固定于诱捕器位置（诱芯）。将诱芯的黑面粘在双面胶上，再将双面胶粘在上盖下方的横片上，然后揭下诱芯另一面的白色塑膜。

③诱芯悬挂于距离上桶内口 1 cm 处。

④下桶内置洗衣粉水和敌敌畏棉球（图2-2）。

图 2-1　三角形昆虫诱捕器　　　　图 2-2　桶形昆虫诱捕器

4.观察记录

定期检查诱捕器，从发现虫体开始，每天记录诱到的虫体数量，清理胶板上的蛾体，填写记录表格，定期更换胶板，确保监测数据的准确性。

5.结果分析

逐日记载诱集到的成虫数，即可得出美国白蛾始见期、始盛期、高峰期、盛末期和结束期，为害虫预测预报和防治提供科学依据。

四、任务评价

本任务评价表如表2-18所示。

表2-18 "生物防治"任务评价表

工作任务清单	完成情况
设计寄生蜂释放作业方案	
林间放蜂操作	
防治效果检查	
昆虫诱捕器布设方案的制订	
害虫监测结果统计、分析	

任务五　化学防治

一、任务验收标准

①理解化学防治的概念和优缺点。

②认识农药。

③会配制并使用波尔多液。

④会熬煮并使用石硫合剂。

二、任务完成条件

硫酸铜、生石灰、硫黄粉、水。

烧杯、量筒、玻棒、试管、试管架、天平、研钵、牛角勺、天平、250 mL量筒、试纸、电炉、石棉网、玻棒、铁锅、波美比重计。

教学用多媒体课件。

三、任务实施

（一）认识农药及化学防治

1.化学防治的概念

化学防治措施是指运用化学农药来防治病、虫、杂草及其他有害生物的一种方法。它具有高效、方便、杀病虫范围广等特点，在一定条件下能快速消灭病虫害，所以，从20世纪40年代有机化学农药开始大量生产并广泛运用至今，化学防治已成为病虫害防治的一种重要手段。但化学防治措施也存在明显的缺点，即污染环境、毒性大、易杀伤天敌、经常使用会产生抗药性和药害。随着科学技术的发展，化学药剂的选择和运用会越来越慎重，但化学防治仍然是一种重要的病虫害防治手段。

2.农药的分类

农药是农用化学药剂的简称，是指用于预防、消灭或者控制为害农林业的病、虫、草和其他有害生物，以及有目的地调节植物与昆虫生长的混合物及其制剂。现有农药品种近2 000种，制剂上万种。掌握农药的基本知识对防治森林病虫害有着重要意义。

中华人民共和国农药管理条例实施办法

农药的种类有很多，根据防治对象，其大致可分为杀虫剂、杀菌剂、杀螨剂、杀线虫剂、除草剂及杀鼠剂等。

（1）杀虫剂

杀虫剂按作用方式和进入虫体的途径可分为以下种类：

胃毒剂：通过消化系统进入虫体内，使害虫中毒死亡的药剂，如敌百虫。

触杀剂：通过接触害虫体壁进入体腔和血液中，使害虫中毒死亡的药剂，如敌敌畏。

熏蒸剂：以气体状态通过气门扩充进入害虫体内，使害虫中毒死亡的药剂，如磷化铝。

内吸剂：通过植物根、茎、叶吸收，在植物体内输导、存留或产生代谢物，在害虫取食植物组织汁液时，使害虫中毒死亡的药剂，如氧化乐果。

此外，还有特异性杀虫剂，如忌避剂、引诱剂、拒食剂、不育剂及昆虫生长调节剂等。

按化学成分，杀虫剂可分为有机磷类、苯甲酰脲类、氨基甲酸酯类及拟除虫菊酯类等有机杀虫剂和无机杀虫剂。应注意，大多数杀虫剂的杀虫作用往往不是单一的，而是多方面的，如辛硫磷不但具触杀作用，还具有胃毒作用。

（2）杀菌剂

杀菌剂是用来防治植物病害的药剂，按其作用方式可分为以下种类：

保护剂：在病原物侵入寄主之前，喷布于寄主表面，以保护寄主免受为害，如波尔多液、福美类杀菌剂等。

治疗剂：在病原物侵入寄主后，用来处理寄主，以减轻或阻止病原物为害的药剂，如多菌灵、三唑酮等。

按化学成分，杀菌剂又分为有机硫类、有机磷类，取代苯类、苯并咪唑类、三唑类杀菌剂和无机杀菌剂及抗生素等。

（3）杀螨剂

杀螨剂是用来防治植食性螨类的化学药剂，如三氯杀螨醇等。

（4）杀线虫剂

杀线虫剂是用来防治植物线虫病的药剂，如棉隆。

（5）除草剂

除草剂是用来防除杂草和有害植物的药剂，按对植物的作用性质可分为以下种类：

灭生性除草剂：施用后能杀伤所有植物的药剂，如草甘膦等。

选择性除草剂：施用后能有选择地毒杀某些种类的植物，而对另一些植物无毒或毒性很低的药剂，如2，4-D-丁酯，能消灭阔叶杂草，但对禾本科杂草无效。

（6）杀鼠剂

杀鼠剂是防治鼠类的药剂，主要是胃毒作用，如磷化锌等。

杀菌剂的发展

（二）波尔多液的配制及使用

波尔多液主要配制原料为硫酸铜、生石灰及水，其混合比例要根据树种或品种对硫酸铜和石灰的敏感程度、防治对象以及用药季节和气温的不同而定。生产上常用的波尔多液比例有硫酸铜石灰等量式（硫酸铜∶生石灰＝1∶1）、倍量式（1∶2）、半量式（1∶0.5）和多量式［1∶（3～5）］，用水一般为160～240倍。所谓半量式、等量式和多量式波尔多液，是指石灰与硫酸铜的比例。而配制浓度1%、0.8%、0.5%，0.4%等，是指硫酸铜的用量。例如施用0.5%浓度的半量式波尔多液，即用硫酸铜1份，石灰0.5份，水200份配制，也就是1∶0.5∶200倍波尔多液。

1.配制方法

分组用以下方法配制1%的等量式波尔多液（1∶1∶100）

（1）两液同时注入法

用1/2水溶解硫酸铜，另用1/2水溶化生石灰，然后同时将两液注入第三个容器内，边倒边搅即成。

（2）稀硫酸铜注入浓石灰水法

用4/5水溶解硫酸铜，另用1/5水溶解生石灰，然后将硫酸铜倒入石灰水中，边倒边搅即成。

（3）石灰水注入浓度相同的硫酸铜溶液法

用1/2水溶解硫酸铜，另用1/2水溶化生石灰，然后将石灰水倒入硫酸铜溶液中，边倒边搅即成。

（4）浓硫酸铜溶液注入稀石灰水法

用1/5水溶解硫酸铜，另用4/5水溶化生石灰，然后将浓硫酸铜注入稀石灰水中，边倒边搅即成。

2.质量检查

①物态观察。观察、比较不同方法配制的波尔多液，其颜色、质地是否相同，质量优良的波尔多液应为天蓝色胶态乳状液。

②石蕊试纸反应。用石蕊试纸测定其碱性，以红色试纸慢慢变为蓝色（即碱性反应）为好。

③铁丝反应。将磨亮的铁丝插入片刻比对，观察铁丝上有无镀铜现象，以不产生镀铜现象为好。

④滤液吹气。将波尔多液过滤后，取其滤液少许置于载玻片上，对液面吹约1 min，液面产生薄膜为好。

⑤将制成的波尔多液分别同时倒入100 mL的量筒中静置90 min，按时记载沉淀情况，沉淀越慢越好，过快者不可采用。

3.使用方法

①在葡萄树上的使用。葡萄霜霉病在病菌初侵染前喷雾第1次药，以后每半月喷1次1∶0.7∶200倍波尔多液，连续喷2～3次，对该病有效；葡萄锈病在发病初期喷1∶0.7∶200倍波尔多液；葡萄灰霉病在发病初期及时剪除发病花穗，并喷半量式300倍波尔多液；葡萄黑痘病在发病初期喷1∶0.5∶250倍波尔多液；葡萄黑腐病在开花前、谢花后和果实生长期喷1∶0.7∶200倍波尔多液，保护果实，并兼防叶片及新梢发病。葡萄褐斑病在发病初期结合防治黑痘病、炭疽病，每半月喷1次1∶0.7∶200倍波尔多液，连续喷2～3次。

②在苹果树上的使用。对苹果早期落叶病，在发病前半月（6月底至7月初）喷等量式200倍波尔多液，以后隔15～20 d再喷1次，效果很好。但金帅、红玉的果实在生长期间，抗铜力弱，不宜使用；苹果干腐病在5—6月喷2次1∶2∶（200～240）倍波尔多液；苹果炭疽病从幼果期（5月下旬左右）喷1∶2∶200倍波尔多液，以后每隔10～15 d喷1次，连续喷3～4次；苹果锈病在发芽后至幼果期喷倍量式200倍波尔多液；苹果黑星病在6—7月喷雾1∶（1.5～2）∶（160～200）倍波尔多液；苹果褐腐病在发病期（9—10月）喷雾2～3次1∶1∶（160～200）倍波尔多液。

③在梨树上的使用。梨黑星病、叶炭疽病、火疫病在开花前和落花后各喷1次1∶2∶200倍波尔多液，以后每隔15～20 d再喷1次，以保护花序、嫩梢和叶片；梨锈病、褐斑病在萌芽期喷1∶2∶（160～200）倍波尔多液，以后每隔10 d左右喷1次，连续喷2～3

次；梨黑斑病在4月下旬—7月上旬，喷雾1：2：（160～200）倍波尔多液，以后每隔10 d左右喷1次，连续喷7~8次；梨干枯病在苗木生长期喷倍量式200倍波尔多液。

④在桃树、李树上的运用。桃缩叶病防治的关键期在芽苞开始膨大时喷1次半量式150～200倍波尔多液，效果较好，如果在冬季喷施，则把浓度提高为半量式100倍液；桃细菌性穿孔病，在早春芽萌动时喷等量式200倍波尔多液，发病盛期喷1次等量式200倍波尔多液；李子红点病在开花末期叶芽萌发期，喷雾倍量式200倍波尔多液进行预防。

⑤在核桃树上的运用。核桃黑斑病在发病前，喷等量式200倍波尔多液，以后隔15～20 d再喷1次。

⑥在柑橘树上的运用。柑橘溃疡病在开花前和落花后各喷1次倍量式250 倍波尔多液；柑橘树脂病、疮痂病在春季萌芽前喷1次等量式150倍波尔多液。

4.药害补救

①石灰药害。喷洒波尔多液后若树叶畸形、变厚、粗糙，果皮硬化等。使用时应避开中午的高温，在下午5—6时后喷洒，否则应立即喷水淋洗树体全部。

②硫酸铜药害。喷洒波尔多液后，叶片自叶尖开始变黑，并逐渐干枯，叶片上出现坏死斑，甚至穿孔，果实有锈斑、麻点或黑斑，应立即对树冠喷洒0.5%～1%石灰水溶液，以后每隔12～13 d喷1次0.3%的尿素加0.2%～0.3%磷酸二氢钾叶面肥，可以减轻药害。

5.注意事项

①应选优质、色白、质轻、新鲜的块状生石灰，视杂质含量的多少应补足生石灰数量，熟化的粉状石灰不能使用；硫酸铜应选青蓝色的、有光泽的硫酸铜结晶体，含有红色或绿色杂质的硫酸铜不能使用。

②按顺序采用硫酸铜溶液注入法配制时，顺序不能颠倒，否则所配制的波尔多液会产生较多的沉淀。

③冷却两溶液混合前，石灰溶液应冷却至常温，否则极易沉淀。

④要用非金属容器配制波尔多液，严禁用金属容器，因金属容器容易将硫酸铜中的铜析出，达不到防病目的。

⑤按硫酸铜、生石灰、水的比例一次配成，不能配成浓缩液后再加水，否则会形成沉淀和结晶。

⑥阴天、有露水时喷药易产生药害，故不宜在阴天或有露水时喷药。

⑦波尔多液配成后，将磨光的芽接刀放在药液里浸泡1～2 min，取出刀后，如刀上有暗褐色铜离子，则需在药液中再加一些石灰水，否则易发生药害。

⑧喷施过石硫合剂、石油乳剂或松脂合剂的果树，需隔20 d到1个月以后，才能使用波尔多液，否则会发生药害。

⑨易发生药害的果树在施用时要慎重。施用时可参考主要果树对农药的敏感情况。如桃、李、杏、樱桃等核果类果树，生长期使用波尔多液易发生药害而导致落叶，施用时间和施药浓度应通过小面积试验后，再大面积推广使用。

（三）石硫合剂的熬制及使用

石硫合剂的化学名称为多硫化钙，是一种制备简单、成本低、效果好、环境污染小的杀菌、杀虫和杀螨剂，对农作物、果树的白粉病、锈病、介壳虫、红蜘蛛等均有较好的防治效果。

1.理化性质

橙色至樱桃红色的透明水溶液，有强烈的硫化氢气味。密度为1.28（15.5 ℃），含 $CaS \cdot S_x$ 不少于74%（V/V），并有少量 CaS_2O_3。呈碱性，遇酸分解。石硫合剂在空气中易被氧化，特别是在高温及日光照射下更易引起变化，而生成游离的硫黄及硫酸钙，故贮存时要严加密封。

2.熬制方法

（1）石硫合剂原料的配比与要求

生石灰1份，硫黄2份，水12份。硫黄纯度要高，粉要细；石灰要选择色白、质轻成块的新鲜石灰。杂质多、已风化的消石灰不能用。

（2）石硫合剂的熬制过程

①调硫黄浆。先用少量水将硫黄粉调成糊状的硫黄浆，用玻棒搅拌，越匀越好，搅好备用。

②调石灰乳。把称好的生石灰放入铁锅中，用少量水化开，调成糊状，再加入其余的水，配成石灰乳，搅拌均匀，去除杂质后用火加热。

③石灰、硫黄混合。在石灰乳接近沸腾时，将事先调配好的硫黄浆沿锅边缓缓倒入锅中，边倒边搅拌，并记好水位线。在加热过程中防止溅出的液体烫伤眼睛。

④大火熬煮。强火煮沸40～60 min，其间要不断朝一个方向搅拌，并用热开水补足蒸发散失的水量至水位线。补足水量应在撤火15 min前进行。待药液熬至深枣红色，捞出的渣滓呈黄绿色时停火。按以上配方比例，熬煮15 min后，反应已大部完成，熬煮50～60 min，反应达最好要求，有效成分含量最高；如果延长熬煮时间，反使多硫化钙分解，减少了有效成分的含量。熬制质量高的石硫合剂，除选择优良的生石灰和硫黄外，还

必须注意，熬煮时火力要强，不停地搅拌，但后期不宜剧烈搅拌。

⑤冷却、过滤及盛装：原液冷却后，过滤出渣滓，得到透明的石硫合剂原液，用波美比重计测量并记录原液的浓度（浓度一般为波美23%～30%）。尽可能当天熬制当天使用，如需隔夜则应使用塑料容器、陶器或铁器（不能用铜、铝等器具存放）等容器短时间保存，并在石硫合剂液体表面用一层柴油密封，以防因吸收空气中的水分和二氧化碳而分解失效。

（3）稀释与计算

用药前必须用波美比重计测量好原液度数。根据所需使用浓度，计算出加水量加水稀释。每千克石硫合剂原液稀释到使用浓度需加水量的公式：

$$\frac{加水量（kg）}{每千克原液} = \frac{原液浓度-使用浓度}{使用浓度}$$

（4）生物活性与使用方法

石硫合剂有良好的保护作用，喷洒在植物表面，接触空气，经水、氧和二氧化碳的作用发生一系列变化，形成极微细的元素硫沉积，其杀菌作用比其他硫黄制剂强。同时石硫合剂呈碱性，有侵蚀昆虫表皮蜡质层的作用，故对介壳虫及其卵有较强的杀伤力。不同植物对石硫合剂的敏感性差异很大，叶组织幼嫩的植物易受药害。气温越高，药效越好，药害也越重。石硫合剂的使用浓度要根据作物的种类、喷药时间及气温来决定。果树生长期防治病害和介壳虫等，使用0.3～0.5°Bé石硫合剂；防治小麦白粉病、锈病，在早春用0.5°Bé，在后期用0.3°Bé石硫合剂；冬季清园及涂抹树干可用5～8°Bé。防治红蜘蛛一般用0.2～0.3°Bé。石硫合剂可防治各种作物的白粉病、锈病、炭疽病、疮痂病、黑星病、芽枯病、毛毡病、桃缩叶病、胴枯病等；也可防治介壳虫、叶螨、叶蚧、红蜘蛛等，还能防治家畜寄生螨和虱。

石硫合剂对人的皮肤有强烈的腐蚀性，并有刺激作用。29%石硫合剂对大鼠急性经口LD_{50} 1 210 mg/kg，对大鼠急性经皮LD_{50}4 000 mg/kg。

（5）质量检测

①色泽：优良的石硫合剂应为透明的红棕色溶液，残渣少，呈草绿色。若呈黑绿色则为熬得过时过火。

②气味：有浓厚的硫黄气味。

③用石蕊试纸测试呈强碱性。

④把母液滴入清水中，母液立即散开表明熬好了，如母液下沉，则还需要再熬。

⑤用波美比重计测其浓度：将冷却的原液倒入量筒，用波美比重计测定浓度，注意药

液的深度应大于比重计的长度，使比重计能漂浮在药液中。观察比重计的刻度时，应以下面一层药液面所表明的度数为准。读数越大，其质量越好。熬制得当，可达到21～28°Bé。

（6）注意事项

①石硫合剂在使用前要充分搅匀，不能与酸性农药混用，也不能与油乳剂、铜制剂混用。在用过石硫合剂的植株上，隔7～10 d才能使用波尔多液。

②桃、李、梨、葡萄、豆类、马铃薯、番茄、葱、黄瓜、甜瓜等敏感作物，仅可在休眠期（落叶至早春萌芽前）使用。但在生长期不宜使用，以免出现药害。

综合治理

③石硫合剂原液有腐蚀性，药液接触皮肤或衣服应立即用清水冲洗，使用器械应洗净。

④气温低于4 ℃时不能使用。在夏季高温期，为了防止药害，宜在早、晚使用。

四、任务评价

本任务评价表如表2-19所示。

表2-19　"化学防治"任务评价表

工作任务清单	完成情况
认识农药	
会配制、会合理使用波尔多液	
会熬制、会合理使用石硫合剂	

工作领域三　农药的使用

◎技能目标

1.会识别农药剂型。

2.能理解农药标签的内容含义。

3.会简易判别农药品质优劣。

4.会依据农药剂型选择恰当的施用方法。

5.会使用喷粉法、喷雾法、种苗处理法、放烟法进行经济林病虫害防治。

6.会农药的稀释计算。

7.掌握农药的安全合理使用技术。

任务一　认识农药剂型与标签

一、任务验收标准

①会识别农药剂型。

②能理解农药标签的内容含义。

③会简易判别农药品质优劣。

二、任务完成条件

25%敌百虫粉剂、25%苯氧威可湿性粉剂、3%高渗苯氧威乳油、45%啶虫脒·杀虫单可溶性粉剂、25%灭幼脲悬浮剂、22.5%敌敌畏油剂、20%吡虫啉可溶性液剂、10%百菌清烟剂、8%氯氰菊酯触破式微胶囊剂、5%辛硫磷颗粒剂、5%辛硫磷乳油、1%甲维盐片剂、A-3型松褐天牛引诱剂、亚铁氰化钾、硫酸铜、生石灰（或熟石灰）、石蕊试纸、烧杯、药匙、玻璃棒、滴管、橡皮手套等。

教学用多媒体课件。

三、任务实施

（一）认识农药剂型与标签

1.农药的加工剂型

农药由工厂生产出来而未经过加工的产品统称为原药，其中固体状的称作原粉，呈油状液体的称作原油。由于原药产品中往往含有化学反应中的副产物、中间体及未反应的原料，并非纯净品，因此，原药中真正有毒力、有药效的主要成分称为有效成分。为了让原药的有效成分均匀分散，充分发挥药效，改进理化性质，减少药害，降低成本，提高工效，容易操作，必须在原药中加入一定比例的辅助剂，如填充剂、湿润剂、乳化剂等。农药的原药加入辅助剂后制成的药剂形态称作剂型。农药的剂型有50多种，农林常用的农药剂型有以下几种。

（1）粉剂（DP）

粉剂是原药加入一定量的填充物（陶土、高岭土、滑石粉等），经机械加工粉碎后而成的粉状混合物，粉粒直径一般在10 ~ 12 μm。粉剂使用方便，不需水源，适于干旱缺水地区使用，主要用于喷粉、拌种、毒饵和土壤处理等，不能加水喷雾使用。粉剂要随用随买，不宜久贮，以防失效。由于粉剂易于飘失，污染环境，将逐渐被颗粒剂和各种悬浮剂取代。观察25%敌百虫粉剂。

（2）可湿性粉剂（WP）

可湿性粉剂是由原药、填充剂、分散剂和湿润剂（皂角、拉开粉等）经机械粉碎、混合制成的粉状制剂。质量好的可湿性粉剂粉粒直径一般在5 μm以下，兑水稀释后，湿润时间为1 ~ 2 min，悬浮率可达50% ~ 70%。可湿性粉剂用于喷雾，要搅拌均匀，喷药时及时摇振，贮存时不宜受潮受压。观察25%苯氧威可湿性粉剂。

（3）乳油（EC）

乳油是由农药原药加乳化剂和溶剂制成的透明油状液体制剂。溶剂是用来溶解原药的，常用溶剂有苯、二甲苯、甲苯等。乳化剂可使溶有原药的溶剂均匀地分散在水中。土耳其红油就是一种乳化剂。乳油加水稀释，即可用来喷雾。乳油如果出现分层、沉淀、混浊等现象，则说明已变质，不能继续使用。使用乳油防治害虫的效果比其他剂型好，耐雨水冲刷，易于渗透。由于生产乳油所需的有机溶剂易燃，对人畜有毒等原因，将逐渐向以水代替有机溶剂和减少有机溶剂用量的新剂型发展，如浓乳剂、微乳剂、固体乳油及高浓度乳油等。观察3%高渗苯氧威乳油。

（4）可溶性粉剂（SP）

可溶性粉剂是用水溶性固体原药加水溶性填料及少量助溶剂制成的粉末状制剂，使用时按比例兑水即可进行喷雾。可溶性粉剂中有效成分含量一般较高，药效一般高于可湿性粉剂，与乳油接近。观察45%啶虫脒•杀虫单可溶性粉剂。

（5）悬浮剂（SC）

悬浮剂是由固体原药、湿润剂、分散剂、增稠剂、防冻剂、消泡剂、稳定剂、防腐剂和水等配成的液体剂型，有效成分分散，粒径为1～5 μm。施用悬浮剂时兑水喷雾，不会堵塞喷雾器的喷嘴。其药效高于可湿性粉剂，接近于乳油，是不溶于水的固体原药加工剂型的重要方向之一。悬浮剂应随用随买，配药时多加搅拌。观察25%灭幼脲悬浮剂。

（6）可溶性液剂（SL）

可溶性液剂是由原药与任意所需的助剂及其他溶剂组成的液剂，不含可见的外来物和沉淀，用水稀释后有效成分形成真溶液。此剂型具有低药害、毒性小、易稀释、使用安全和方便等特点，具有良好的生物效应。观察20%吡虫啉可溶性液剂。

（7）油剂（OL）

油剂是以低挥发性油做溶剂，加少量助溶剂制成的一种制剂，有效成分一般在20%～50%，用于弥雾或超低容量喷雾。使用它时不用稀释，不能兑水使用。油剂每公顷用量一般为750～2 250 mL。观察22.5%敌敌畏油剂。

另外，还有专用于烟雾机的油剂，称为油烟剂或热雾剂，其中的农药有效成分要有一定的热稳定性。使用它时，通过内燃机的高温高速气流将其气化，随即冷却呈烟雾状气溶胶，发挥杀虫杀菌的作用。

（8）烟剂（FU）

烟剂一般用原药（杀虫剂或杀菌剂）、氧化剂（硝酸铵、硝酸钾等）、燃料（木粉、木炭、木屑等）、降温剂（氯化铵等）和阻燃剂（滑石粉、陶土等）按一定比例混合、磨碎，通过80号筛目过筛而成。烟剂点燃后作无火焰燃烧，农药受热挥发，在空中再冷却成微小颗粒弥散在空中杀虫或灭菌。烟剂适用于森林和温室大棚。因烟剂易燃，所以在贮存、运输和使用时应注意防火。观察10%百菌清烟剂。

（9）微胶囊悬浮剂（CS）

微胶囊悬浮剂是近年来发展起来的固体颗粒分散在水中的新剂型，具有延长药效、降低毒性、减少药害等特点，是用树脂等高分子化合物将农药液滴包裹起来的微型囊体，粒径一般在1～3 μm。它是由原药（囊心）、助溶剂、囊皮等制成的。囊皮可控制农药释放速度，使用时兑水稀释，供叶面喷雾或土壤施用。施用农药时从囊壁中逐渐释放出来，达到防治效果。观察8%氯氰菊酯触破式微胶囊剂等。

（10）颗粒剂（GR）

颗粒剂是由农药原药、载体、填料及助剂配合经过一定的加工工艺制成的粒径大小比较均匀的松散颗粒状固体制剂。按粒径大小，颗粒剂可分为大粒剂（5～9 mm）、颗粒剂（1.68～0.297 mm）和微粒剂（0.297～0.074 mm）。颗粒剂为直接施用的剂型，可取代施用不安全的药土，用于土壤处理、植物心叶施药等。其有效成分含量一般小于20%，常用的加工方法有包衣法、浸渍法和捏合法。颗粒剂可使高毒农药制剂低毒化，可实现农药的针对性施用。施用颗粒剂时可戴薄塑料手套徒手撒施，也可用瓶盖带孔的塑料瓶撒施。观察5%辛硫磷颗粒剂。

（11）片剂（锭剂）

片剂是将水溶性药剂制成片状的制剂。其优点是使用方便，容易计算药量。观察1%甲维盐片剂。

除上述常用剂型外，林业上常用的还有诱饵制剂，如林间灭鼠用的饵剂（RB）和诱捕害虫用的诱芯（AW），前者是引诱靶标害物（害虫和害鼠等）取食或行为控制的制剂，后者是与诱捕器配套使用的引诱害虫的行为控制制剂。

2.农药产品标签识别

在农林生产中要选择质量好的农药产品，做到科学合理安全地使用农药，必须熟悉农药产品标签的主要内容。观察上述各种剂型农药的标签内容。

农药剂型
发展趋势

（1）产品名称

农药产品的名称一般由农药有效成分含量、农药的原药名称（或通用名称）和剂型组成。其中有效成分含量的表示方法如下：原药和固体制剂以质量分数表示，如40%福美砷可湿性粉剂：400 g a.i./kg；意为每千克（kg）可湿性粉剂中含有效成分（a.i.）400 g；液体制剂原则上以质量分数表示，若需要以质量浓度表示时，则用"g/L"表示，并在产品标准中同时规定有效成分的质量分数，如抗蚜威乳油：80 g a.i./L，意为每升（L）药液中含有效成分（a.i.）80 g。

（2）产品的批准证（号）

产品的批准证包括该农药产品在我国取得的农药登记证号（或临时登记证号）、农药生产许可证号或农药生产批准文件号、执行的产品标准号，常说的农药"三证"就是指上述的农药登记证、准产证和标准证。

（3）产品的使用范围、剂量和使用方法

产品的使用范围、剂量和使用方法包括适用的作物或林木、防治对象、使用时期、使用剂量和施药方法等。对使用剂量，用于大田作物或苗圃的，一般采用每公顷（hm^2）使用该产品总有效成分质量（g）表示；或采用每公顷使用该产品的制剂量（g或mL）表示；用于林木时，一般采用总有效成分量或制剂量的质量分数、质量浓度（mg/kg、mg/L）

表示；用于种子处理时一般采用农药与种子质量比表示。

（4）含量

含量一般用克（g）、千克（kg）、吨（t）或毫升（mL）、升（L）、千升（kL）表示。

（5）产品质量保证期

产品质量保证期有3种形式表示：第一种是注明生产日期（或批号）和质量保证期；第二种是注明产品批号和有效日期；第三种是注明产品批号和失效日期。

（6）毒性标志

农药产品要求标明毒性等级及标识。剧毒和高毒的农药要求有"骷髅骨"标记。

我国农药毒性分级标准是根据大白鼠1次口服农药原药急性中毒的致死中量（LD50）划分的。所谓致死中量即毒死一半供试动物所需的药量，单位为mg/kg，意思为每千克体重动物所需药剂的毫克数。致死中量小于等于5 mg/kg的为剧毒农药；致死中量5～50 mg/kg的为高毒农药；致死中量50～500 mg/kg的为中等毒性农药；致死中量500～5 000 mg/kg的为低毒农药；致死中量大于5 000 mg/kg的为微毒农药。农药标签上标明的农药毒性是按农药产品本身的毒性级别标示的，若毒性与原药不一致时，一般用括号注明原药毒性级别。

（7）注意事项

说明该农药与某些物质不能混用；农药限用条件（时间、天气、温度、湿度、光照、土壤、地下水位等）、作物和地区（或范围）；该农药已制定国家标准的安全间隔期，一季作物最多使用的次数等；使用该农药时需穿戴的防护用品、安全预防措施及避免事项等；施药器械的清洗方法、残剩药剂的处理方法等；农药中毒急救措施以及对医生的建议等；禁止使用的作物或范围等；贮存和运输方法，包括贮存条件的环境要求及注意事项，安全运输和装卸的特殊要求和危险标志；生产者的名称和地址，包括生产企业的名称、详细地址、邮政编码、联系电话等；农药类别特征颜色标志带，在标签底部印制的与底边平行的、不褪色的一条颜色标志带，以表示不同类别的农药。除草剂为绿色，杀虫（螨、软体动物）剂为红色，杀菌（线虫）剂为黑色，植物生长调节剂为深黄色，杀鼠剂为蓝色。

（二）农药产品的观察与识别

1.阅读供试商品农药的标签，比较异同

观察每种农药包装物的形态，是否有产品合格证，每种商品农药标签的项目内容是否完整并加以比较。

2.观察供试商品农药制剂形态

注意区别哪些是粉状固体、单相液体、悬浊液、乳浊液、固体形态。

3.常用农药剂型品质优劣的简易识别

（1）粉剂、可湿性粉剂

粉剂、可湿性粉剂应为疏松粉末，无团块，颜色均匀。如有结块或较多颗粒，说明已受潮，产品细度没有达到要求，其有效成分含量也可能发生变化，从而影响使用效果。

理化性能测试：烧杯中盛满水，取半匙可湿性粉剂，在距水面1～2 cm高度一次倾入水中，合格的可湿性粉剂应能尽快地在水中逐步湿润分散，全部湿润时间一般不超过2 min；优良的可湿性粉剂在投入水中后不加搅拌就能形成较好的悬浮剂，如将瓶摇匀，静置1 h，底部固体沉降物应较少。

（2）乳油

乳油应为均相液体，无沉淀或悬浮物；如出现分层和混浊现象，或者加水稀释后的乳状液不均匀或有浮油、沉淀物，说明质量有问题。

理化性能测试：烧杯中盛满水，用滴管或玻璃棒移取乳油制剂，滴入静止水面上，乳化性能良好的乳油能迅速扩散，稍加搅拌可形成白色牛奶状乳液，静置0.5 h，无可见油珠和沉淀物出现。

（3）悬浮剂

悬浮剂应为可流动的悬浮液，无结块，较长时间存放表面析出一层清液，固锥粒子明显有所下降，但摇晃后能恢复原状，具有良好的悬浮性。如果经摇晃后不能恢复原状或仍有结块，说明产品有质量问题。

4.注意事项

测试农药理化性能时应戴好橡皮手套，注意不要使药液接触皮肤。实验室应开窗通风，如有头痛、头昏、恶心、呕吐等中毒症状时应立即离开现场接受治疗。实验结束后要用肥皂洗手，用具要清洗干净。

四、任务评价

本任务评价表如表2-20所示。

表2-20 "认识农药剂型与标签"任务评价表

工作任务清单	完成情况
会识别农药剂型	
会理解农药标签的内容含义	
会简易判别农药品质优劣	

任务二 农药的施用方法

一、任务验收标准

①会依据农药剂型选择恰当的施用方法。

②会使用喷粉法、喷雾法、种苗处理法、放烟法进行经济林病虫害防治。

二、任务完成条件

25%敌百虫粉剂、25%苯氧威可湿性粉剂、3%高渗苯氧威乳油、45%啶虫脒•杀虫单可溶性粉剂、25%灭幼脲悬浮剂、22.5%敌敌畏油剂、20%吡虫啉可溶性液剂、10%百菌清烟剂、8%氯氰菊酯触破式微胶囊剂、5%辛硫磷颗粒剂、5%辛硫磷乳油、1%甲维盐片剂、A-3型松褐天牛引诱剂、亚铁氰化钾、硫酸铜、生石灰（或熟石灰）、石蕊试纸。

每组配备手动喷雾器1个、YB-50型松褐天牛诱捕器1个、500 mL烧杯3个、100 mL烧杯2个、250 mL量筒1个、研钵1个、玻璃棒1根、试管6支、试管架1个、粗天平1台、试管刷1个、小铁刀1把、草席2片、木棒1根、木锨1把等。

教学用多媒体课件。

三、任务实施

由于农药的加工剂型、使用范围和防治对象不同，因此施用方法也不同。下面介绍在农林生产中常用的施药方法。

（一）喷粉法

喷粉法就是利用喷粉器械所产生的风力把低浓度的农药粉剂吹散后，使粉粒飘浮在空中再沉积到植物和防治对象上的施药方法。其特点是工效高、使用方便、不受水的限制，适于封闭的温室、大棚及郁闭度高的森林和果园。喷粉法的缺点是用药量大、附着性差，粉粒沉降率只有20%，易飘失，污染环境。最好在无风的早晨或傍晚及植物叶片潮湿易黏着粉粒时作业。喷粉人员应在上风头（1～2级风时可喷粉）顺风喷，不要逆风喷。要求喷均匀，可用手指轻按叶片检查，如果看到只有一点药粒在手指上，表明喷施程度比较合适；如看到叶面发白，则说明药量过多。在温室大棚中喷粉时，宜在傍晚作业，采取对空均匀喷撒的方法（避免直接对准植物体），且由里向外、边喷边向门口后退的作业方式。

（二）喷雾法

喷雾法是利用喷雾器械将液态农药喷洒成雾状分散体系的施药方法，是林业有害生物防治使用最广泛最重要的施药方法之一。根据单位面积施药液量的多少，划为4个容量级别（表2-21）。超低容量喷雾采用离心旋转式喷头，所使用的剂型为油剂。超低量喷雾的优点是工效高、省药、防治费用低，不用水或只用少量水，缺点是受风力影响大，对农药剂型有一定的要求。

表2-21　我国农药喷雾法划分的容量级别

容量级别	喷布药液量 / （L·hm⁻²）	药液有效成分含量/%	雾滴直径 /μm	施药方式针对性	农药利用率 /%
大容量（常量）	>150	0.01～0.05	250	飘移累积性	30～40
小容量（少量）	15～150	1～5	100～250	飘移累积性	60～70
低容量	5～15	5～10	15～75	飘移累积性	60～70
超低容量（微量）	<5	25～50	15~75	飘移累积性	60~70

根据喷雾方式,可将喷雾法大致分为针对性喷雾和飘移性喷雾两种，前者是指作业时将喷头直接指向喷施对象，后者是指喷头不直接指向喷施对象，喷出的药液靠自然风力飘移，依靠自身重力沉降累积到喷施对象上。

喷雾的技术要求是药液雾滴均匀覆盖在植物体或防治对象上，叶面充分湿润，但不使药液形成水流从叶片上滴下。喷雾时间要选择1～2级风或无风晴天，中午不宜作业。

（三）树干打孔注药法

树干打孔注药法是利用树干注药机具在树干上形成注药孔，通过药液本身重力或机具产生的压力将所需药液导入树干特定部位，再传至内部器官防治有害生物和树木缺素症的一种施药方法。这种方法具有效果好、药效长、不污染环境、不受环境条件限制等优点，适用于珍稀树种和零星树木的病虫害防治。但此方法在短时间内控制大面积病虫害较为困难，若药剂使用不当易对树木造成药害。

目前，树干打孔注药的方法大致有3种：第一种是创孔无压导入法，即先用打孔注药机具在树干上钻、凿、剥、刮出创伤或孔，然后向创孔内涂、灌、塞入药剂或药剂的载体。第二种是低压低浓度高容量注射法，可用输液瓶挂于树上，药液凭重力徐徐注到树体内，或使用兽用注射器将配好的药液灌注入树木的木质部与韧皮部之间。第三种是高浓度低容量高压注射法，使用手压树干注射器，靠压力将高浓度的药液注入树干，一般平均1 cm胸径用药液0.5～1 mL。

树干打孔注药法的时间应在树液流动期，防治食叶害虫在其孵化初期注药；蚜、螨等在大发生前注药；蛀干天牛类在幼虫1～3龄和成虫羽化期注药；果树至少在采摘前2个月内不得注药。农药要选内吸剂（如吡虫林、印楝素等），以水剂最佳，原药次之，乳油必须选合格产品。配制时宜用冷开水，药液配制有效成分含量应在15%～20%，对于树干部病虫害严重地区药液中应加杀菌剂，以防伤口被病菌感染。注射位置在树木胸高以下，用材林尽量在伐根附近。注药孔大小在5～8 mm；胸径小于10 cm者打1个孔，11～25 cm者对面2个孔，26～40 cm者等分3个孔，40 cm以上等分4个孔以上；最适孔深是针头出药孔位于2、3年生新生木质部处。注药量一般按每10 cm胸径用100%原药1～3 mL（稀释液为每厘米胸径1～3 mL）的标准，按所配药液有效成分含量和计划注药孔数计算确定每孔注药量。

（四）涂抹法

涂抹法是用涂抹机具将药液涂抹在植株某一部位的一种局部直接施药的方法，以涂抹树干为最常用，用以防治病害、刺吸式口器害虫、螨类等。涂抹机具有手持式涂抹器、毛刷、排刷、棉球等。涂抹作业时间应以树木生长季节为宜。涂抹法无飘移，药剂利用率高，不污染环境，对有益生物伤害小，但是操作费事，直接施用高浓度高剂量药剂还要注意药害问题。

（五）种苗处理法

种苗处理法是将药粉或药液在种子播种前或苗木栽植前使之黏附在种苗上，用以防治种苗带菌或土壤传播的病害及地下害虫的一种施药方法。它可有效控制有害生物在种子萌发和幼苗生长期间的为害，其方法简便，用药量少，省工，但要掌握好剂量防止产生药害。常见的种苗处理有以下几种方法。

1.浸种法

浸种法是将种子浸渍在一定有效成分含量的药剂水分散液里，经过一定的时间使种子吸收或黏附药剂，然后取出晾干，从而消灭种子表面和内部所带病原菌或害虫的方法。操作时将待处理的种子直接放入配好的药液中稍加搅拌即可。药液量根据种子吸水量而定，一般药液面高出浸渍种子10～15 cm。使用的农药剂型以乳油、悬浮剂为最佳，其次为水剂（国际代号为AS，是以水为溶剂的可溶性液剂）、可湿性粉剂。浸种温度一般在10～20 ℃。浸种时间以种子吸足水分但不过量为宜，其标志是种皮变软，切开种子后，种仁部位已充分吸水为止。一次药液可连续使用几次，但要补充减少的药液。用甲醛等浸种后，需用清水冲洗种子，以免产生药害。

2.拌种法

拌种法是将选定数量和规格的拌种药剂与种子按照一定比例进行混合，使被处理的种子表面都均匀覆盖一层药剂，并形成药剂保护层的种子处理方法。拌种法可分为干拌法和湿拌法，一般以干拌为主。干拌法以粉剂、可湿性粉剂为宜，且以内吸性药剂为好，拌种的药量常以农药制剂占处理种子的质量百分比来确定，一般为种子重量的0.2%～1%。拌种器具比较原始的用木锨翻搅，有条件时尽量采用拌种器。具体做法是将药剂和种子按规定比例加入滚筒拌种箱内，流动拌种，种子装入量为拌种箱最大容量的2/3～3/4，旋转速度以30～40转/min为宜，拌种时间为3～4 min，可正反各转2 min，拌完后待一段时间取出。另外，还可以使用圆筒形铁桶，将药剂和种子按规定比例加入桶内，封闭后滚动拌种。拌好的种子直接用于播种，不再需要进行其他处理，更不能浸泡或催芽。

3.闷种法

闷种法是将一定量的药液均匀喷洒在播种前的种子上，待种子吸收药液后堆在一起并加盖覆盖物堆闷一定时间，以达到防止有害生物为害目的的一种种子处理方法，是介于拌种和浸种之间的一种方法，又称为半干法。闷种使用的农药剂型为水剂、乳油、可湿性粉剂、悬浮剂等。闷种法最好选用有效成分挥发性强、蒸气压低的农药，如福尔马林、敌敌畏等，还可以用内吸性好的杀菌剂。药液的配制可按农药有效成分，也可按农药制剂重量计算。闷过的种子即可播种，不宜久贮，也不需做其他处理。

另外，幼苗幼树移栽或插条扦插时，可用水溶液、乳浊液或悬浮液对其进行浸渍处理，达到预防或杀死携带的有害生物的目的。苗木处理的原则与种子的处理基本相同，但要注意药害问题。

4.用闷种法（半干法）处理林木种子

①选择本地区来源容易、价格便宜的林木种子50 kg（也可用玉米种子代替）。

②称取5 kg水放入喷雾器药桶内，然后称取0.1 kg 50%辛硫磷乳油放入水中，用木棒搅拌均匀。

③在地面放一张草席，其大小以能摊开种子为宜。

④将种子摊铺在草席上，向种子喷施药液，边喷边用木锨搅拌，直至种子均匀受药为止。

⑤将拌匀的种子攒成堆，盖上草席，闷24 h即可。

（六）土壤处理法

土壤处理法是将药剂施于土壤中防治种传、土传、土栖的有害生物的方法。此法常在温室和苗圃中使用，用药量较大，常用的有以下几种方法。

1.撒施法

撒施法是用撒布器具或徒手将颗粒剂或药土撒施到土壤中的一种方法。可佩戴塑料薄膜防护手套徒手撒施，也可用撒粒器撒施。撒施法使用的药剂为颗粒剂（粒径为

297~1 680 μm）和大粒剂（粒径5 000 μm以上）。

2.浇灌法

浇灌法是以水为载体将农药施入土壤中的方法。这种方法可在播种或植前进行，也可在有害生物发生期间进行。操作时将稀释后的农药用水桶、水壶等器具盛装泼洒到土壤表面或沟内，也可灌根，使药液自行下渗。还可采用滴灌、喷灌系统自动定量地往土壤中施药，这也称为化学灌溉，在使用时要对系统进行改装，增加化学灌溉控制阀和贮药箱。

3.根区土壤施药法

根区土壤施药法是在树冠下部开环状沟、放射状沟或在树盘内开穴，将药粉撒施或把药液泼施于沟穴内的施药方法。根区土壤施药化应选择具有内吸、熏蒸作用的药剂。根部施药情况还可用土壤注射枪向树木根部土壤施药。

（七）熏蒸法

熏蒸法是利用常温下有效成分为气体的药剂或通过化学反应能生成具有生物活性气体的药剂，在密封环境下充分挥发成气体来防治有害生物的方法。林业上常用来消灭种子、苗木、压条、接穗和原木上的有害生物。

熏蒸剂及使用技术

其优点是消灭有害生物较彻底，但操作时费事，有农药残留毒性问题和环境污染问题等。熏蒸要在密闭空间或帐幕中进行。常用于熏蒸的药剂有溴甲烷、氯化苦、硫酰氟、磷化铝等；熏蒸用药量用g/m^3表示，应用时要根据用药种类、熏蒸物品、防治对象、温度、密封程度等确定用药量和熏蒸时间。由于熏蒸剂对人畜有毒害，在熏蒸场所周围30~50 m内禁止入内和居住，操作人员要戴合适的防毒面具和橡皮手套。

（八）熏烟法

熏烟法是将农药加工成烟剂或油烟剂用人工点燃或烟雾机的汽化形成的烟雾消灭有害生物的施药方法。该方法适用于郁闭度大的森林以及仓库、温室大棚等，在交通不便、水源缺乏的林区，熏烟法是有害生物防治

烟剂防治林区病虫害

重要手段之一。熏烟法防治有害生物的时间应选择在害虫幼龄期、活动盛期、发病初期和孢子扩散期。熏烟法又分为人工放烟法、流动放烟法。

1.人工放烟法

放烟的气象条件关键是"逆温层"现象出现和风速稳定在0.3~1 m/s。白天由于受太阳辐射的影响，地面温度高于空中温度，气流直线上升，在此时放烟，烟雾直向上空中逸散，病菌、害虫和林木受烟时间很短，达不到防治目的。夜间气流比较稳定，但天黑、山高、坡陡，也不宜放烟。日落后和日出前，林冠上的气温往往比林内略高，到一定高度气

温又降低，产生"气温差逆增"现象，林内气流相对比较稳定，此时放烟，烟雾可较长时间停留在林内，或沿山坡、山谷随气流缓缓流动。烟雾在林内停留的时间越长，杀虫灭菌的效果越好。一般只要烟雾在林内停留20 min以上，就可达到较好的防治效果。风速超过1.5 m/s时，应停止放烟，以免烟雾被风吹散。雨天也应停止放烟，这时放烟不易引燃，附着在林木上的烟剂颗粒也易被雨水冲掉，会降低防治效果。

在林区放烟，可采用定点放烟或移动放烟，或者两者配合使用的方法。定点放烟法就是按地形把烟筒设置在固定地点。此法适用于面积较大、气候变化较小、地形变化不大的林地。傍晚在山地放烟时，放烟带应布设在距山脊5 m左右的坡上，在山风控制下使烟云顺利下滑；早晨放烟雾时，放烟带应紧靠山脚布设，利用谷风使烟云沿坡爬上山。放烟带应与风向垂直。放烟带的距离依风力大小而定，但最宽不超过300 m。放烟点的距离依单位用药量和地形而定，一般为15～30 m。坡地迎风面应密些，下风处可稀些，平地、无风处可均匀放置。放烟点不要设置在林缘外边，应设置在林内距林缘10 m左右，因为林外风向不定，影响放烟效果。放烟前应清除放烟点周围的枯枝落叶，并将烟筒放稳，以免发生火灾。点燃顺序是从下风开始依次往上风方向进行。

2.流动放烟法

流动放烟法就是把放烟筒拿在手中走动放烟。每人相距20 m，在林内逆风且与风向成垂直方向缓步行走。此法适用于地形复杂、面积不大、杂草灌木稀少、郁闭度较小、行走方便的林地。另外，流动放烟还可用来弥补定点放烟漏放的地块。

在郁闭的森林、果园和仓库，可用烟雾机喷烟，使油烟剂转化为气溶胶，滞留于空间，且具有一定的方向性和穿透性，能均匀沉积在靶标上，可保证药效的正常发挥。

四、任务评价

本任务评价表如表2-22所示。

表2-22　"农药的施用方法"任务评价表

工作任务清单	完成情况
会依据农药剂型选择恰当的施用方法	
会使用喷粉法、喷雾法、种苗处理法、放烟法进行经济林病虫害防治	

任务三　农药的安全合理使用

一、任务验收标准

①会农药的稀释计算。

②会农药的合理使用技术。

③会农药的安全使用技术。

二、任务完成条件

100 mL的量筒、塑料木棒、手动喷雾器及手套、口罩；50%辛磷乳油1瓶。

教学用多媒体课件。

三、任务实施

（一）农药的稀释计算

1.按单位面积施用农药的有效成分（或制剂量）计算

在进行低容量和超低容量喷雾时，一般先确定每公顷所需施用农药的有效成分量或折算的制剂量，再根据所选定的施药机具和雾化方法确定稀释剂用量。

$$单位面积稀释剂用量 = 单位面积喷液量 - 单位面积施用的农药制剂量$$

2.按农药稀释倍数计算

稀释倍数表示法是指稀释剂（水或填充料等）量为农药制剂量的多少倍，它只能表明农药成分的多少，不能表明农药进入环境量，因此，国际上早已废除，但我国在大容量喷雾法中仍然采用。固体制剂加水稀释，用质量倍数；液体制剂加水稀释，若不注明按体积稀释，一般也都是按质量倍数计算。而且生产上往往忽略农药和水的密度差异，即把农药的密度视为1。在实际应用中，常根据稀释倍数的大小将药剂分为内比法和外比法。内比法适用于稀释倍数在100倍以下的药剂，计算时要在总份数中扣除原药剂所占份数；外比法适用于稀释100倍以上的药剂，计算时不扣除原药剂在总份数中所占份额，其计算公式为：

$$稀释剂用量 = 原药剂用量 × 稀释倍数$$

稀释倍数在100倍以下时：

$$稀释剂用量 = 原药剂用量 × 稀释倍数 - 原药剂用量$$

药液中有效成分含量与稀释倍数的换算关系为：

$$药液中有效成分含量（\%） = \frac{制剂的有效成分含量}{稀释倍数} × 100$$

式中有效成分含量可为质量分数或质量浓度。

3.按质量浓度法、质量分数法或体积分数法计算

在固体制剂与液体稀释剂之间常用质量浓度表示药液中有效成分含量，如50 g/L硫酸铜药液则表示在每升硫酸铜药液中含50 g硫酸铜；在固体与固体或液体与液体制剂与稀释液之间时常用质量分数表示其药液中有效成分含量，如2%乐果药液则表示在100 g的乐果药液中含有2 g乐果原药。液体制剂与液体稀释液之间有时也用体积分数表示。以上3种表示法的通用计算公式为：

原制剂有效成分含量 × 原制剂用量 = 需配药液的有效成分含量 × 稀释剂用量

当稀释100倍以下时，则改用下式计算：

$$\left(\begin{array}{c}原制剂有效\\成分含量\end{array} - \begin{array}{c}需配药液的\\有效成分含量\end{array}\right) \times 原制剂用量 = \begin{array}{c}需配药液\\有效成分含量\end{array} \times 稀释剂用量$$

（二）农药的合理使用

使用农药既要做到用药省，提高药效，又要对人畜安全，不污染环境，不伤害天敌，不产生抗性。概括起来应做到以下几点。

1.根据施药对象选择农药

不同的有害生物生物学特性不同，如防治害虫不能选择杀菌剂而必须选择杀虫剂，防治刺吸式口器害虫不能选用胃毒剂而应选择内吸剂；又如拟除虫菊酯类时触杀剂对蚜虫有效，但容易产生抗性，也不适于防治蚜虫。当防治对象有几种农药可选择时，首先应选毒性最低的品种，在农药毒性相当的情况下，应选用低残留品种。半衰期小于1年的称为低残留农药。

2.适时施药

要了解有害生物的不同生长发育阶段的发生规律和对农药的耐受力，如鳞翅目幼虫在3龄前耐药性低，此时施药不易产生抗性，天敌也少，用药量也小；对介壳虫类，一定在未形成介壳前施药，对病害应在发病初期或发病前喷药防治。施药还要考虑天气条件，有机磷制剂在温度高时药效好，拟除虫菊酯类在温度低时效果更好。辛硫磷见光易分解，宜在傍晚使用。在雨天不宜喷药，以免药剂被雨水冲刷掉。

3.掌握有效用药量，交替用药

有效用药量主要指准确地控制药液的质量浓度、单位面积用药量和用药次数，每种农药对某种防治对象都有一个有效用量范围，在此范围内可根据寄主发育阶段和气温情况进行调节。也可根据防治指标，合理确定有效用药量，防治效果一般首次检查应达到90%以

上。超量用药不仅造成浪费，还会产生药害和发生人畜中毒事故，导致土壤污染。施药次数要根据有害生物和寄主的生物学特性及农药残效期的长短灵活确定。为了防止抗药性的产生，通常一种农药在1年中使用不应超过2次，要与其他农药交替使用。

4.选择科学的施药方法，合理混用农药

要根据有害生物的为害特点选择施药方法，如北方春季松毛虫上树前，可选择绑毒绳的方法阻止松毛虫幼虫上树，对蛀干害虫可采用在树干上堵孔施药。

合理混用农药和交替用药不仅能防治多种有害生物，既省药又省工，而且可避免抗药性的产生。农药能否混用，必须符合下列原则：一是要有明显的增效作用，如拟除虫菊酯类和有机磷混用，都比单剂效果好；二是对植物不发生药害，对人畜的毒性不能超过单剂；三是能扩大防治对象，如三唑酮和氧化乐果混用，可兼治锈病和蚜虫；四是降低成本。

注意以下几种情况下农药禁止混用：

①酸性农药不宜和碱性农药混用；

②混合后对乳剂有破坏作用的农药不能混用；

③有机硫类和有机磷类农药不能与含铜制剂的农药混用；

④微生物类杀虫剂和内吸性有机磷杀虫剂不能与杀菌剂混用。

（三）农药的安全使用

使用农药时必须严格执行农药使用的有关规定。在农药运输过程中，运药车不要载人和混载食物、饲料、日用品；搬运农药时要轻拿轻放，如果衣服上沾上有机磷药液，要立即脱下用50 g/L的洗衣粉浸泡 1 天后洗净。各类农药要分开存放，库房要通风、干燥、避光，不与粮食、饲料等混放。在配制农药时，要设专人；操作地点要远离居民点，并在露天进行；操作者要在上风处，要戴胶皮手套，若偶然将药液溅到皮肤上，应及时用肥皂清洗。配制药液时要用棍棒搅拌，不能用手搅拌；拌种时不留剩余种子。施药作业人员要选择青壮年，并要戴好口罩、手套、穿长衣、长裤及戴风镜等；喷药时要顺风操作，风大和中午高温时要停止施药；施药过程中不能吸烟和吃东西；要严格掌握喷药量。喷药结束后立即更衣，并用肥皂洗脸、洗手和漱口。施药作业人员喷洒剧毒农药每天工作不超过6 h。喷过剧毒农药的地方要设置"有毒"标志，防止人畜进入。剩余的药剂、器具要及时入库，妥善处理，不得随便丢弃。

在农药使用过程中，一旦发现如头昏头痛、恶心呕吐、无力、视力模糊、腹痛腹泻、抽搐痉挛、呼吸困难和大小便失禁等急性中毒症状时，首先应将中毒者撬离接触农药场

杀虫剂的正确
使用

地，转移到通风处，脱去被农药污染的衣服，用肥皂水清洗被污染的皮肤，眼睛被污染后可用生理盐水或清水冲洗。如中毒者出现呼吸困难，可进行人工呼吸，心跳减弱或停跳时进行胸外心脏按摩。口服中毒者，可用两汤匙食盐加在1杯水中催吐，或用清洁的手指抠咽喉底部催吐。

有机磷、氨基甲酸酯类农药中毒时，用20 g/L小苏打洗胃（敌敌畏中毒时禁用！），肌内注射阿托品1～2 mL；拟除虫菊酯类中毒可吞服活性炭和泻药，肌内注射异戊巴比妥钠。重度中毒者应进行胃管抽吸和灌洗清胃，中毒者一般在1～3周内恢复。有机氮农药中毒时，可用葡萄糖生理盐水、维生素C、中枢神经兴奋剂、利尿剂等对症治疗。

四、任务评价

本任务评价表如表2-23所示。

表2-23　"农药的安全合理使用"任务评价表

工作任务清单	完成情况
会农药的稀释计算	
会农药的合理使用技术	
会农药的安全使用技术	

工作领域四　常用药械的使用与保养

◎技能目标

1.会背负式手动喷雾器的使用与保养技术。

2.会背负式机动喷雾喷粉机的使用与保养技术。

3.会热力烟雾机的使用与保养技术。

4.会打孔注药机的使用与保养技术。

5.会常用药械的故障排除。

任务一　背负式手动喷雾器的使用与保养

一、任务验收标准

①会背负式手动喷雾器的使用与保养技术。

②会背负式手动喷雾器的故障排除。

二、任务完成条件

工农-16型背负式手动喷雾器及随机工具、100 mL量桶、塑料桶、木棒、手套、口罩。

供试的15%辛硫磷乳油、水、90#以上汽油。

农林机械GB 10395.1。

三、任务实施

（一）认识手动喷雾器主要工作部件

手动背负式喷雾器具有结构简单、使用方便、价格低廉等特点，适用于草坪、花卉、小型苗圃等较低矮的植物。主要型号有工农-16型（3WB-16型），改进型有3WBS-16、3WBS-16、3WB-10等型号。

工农-16型喷雾器为手动背负式，主要由药液箱、液泵、空气室及喷射部件组成（图2-3）。

①药液箱。药液箱多由聚氯乙烯材料制成，容积为16 L。药液箱加水口内装有滤网，箱盖中心有一连通大气的通气孔，药液箱上标有水位线。

②液泵。液泵为喷雾器的心脏部件，作用是给药液加压，迫使药液通过喷头雾化。液

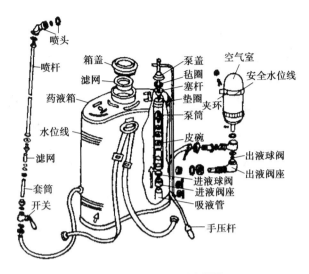

图2-3　工农-16型喷雾器

泵分活塞泵、柱塞泵和隔膜泵3种。工农-16喷雾器采用皮碗活塞式液泵，由泵筒、塞杆、皮碗、进液球阀和出液球阀等组成。

③空气室。空气室是贮存空气的密闭耐压容器。其作用是消除往复式压力泵的脉动供液现象，稳定药液的喷射压力。进液口与压力泵相通，出液口与喷射管路相接。喷雾器长时间连续工作时，有压力的空气会逐渐溶于药液中，使空气室内的空气越来越少，药液压力的稳定性变差。因此，长时间连续工作的喷雾机（器）要定时排除空气室中的药液。目前生产的一些喷雾机，空气室用橡胶隔膜将药液与空气隔开，克服了这一缺点。

④喷头。喷头是喷雾器的主要部件，作用是使药液雾化和使雾滴分布均匀。工农-16型喷雾器配有侧向进液式喷头，也可换装涡流片式喷头，这两种喷头均为圆锥雾式喷头。

（二）分析工作原理

观察工农-16型喷雾器，用手上下撤动摇杆手柄，活塞杆便带动皮碗活塞，在泵筒内做上下往复运动。当活塞带动皮碗活塞上行时，皮碗活塞下面的腔体容积增大，形成负压，在压力差的作用下，药箱内的药液经吸液管上升，顶开进水球阀进入泵筒，完成吸液过程。当活塞带动皮碗活塞从上向下运动时，泵筒内的药液压力增高，将进液球阀关闭，出液球阀被顶开，压力药液经出液球阀进入空气室。空气室内的空气被压缩，形成对药液的压力。当每分钟掀动摇杆18～25次时，药液可达正常工作压力（196～392 kPa），打开开关，药液即经输液管，由喷头以雾状喷出，使用喷孔直径1.3 mm的喷孔片时，喷药量为0.6～0.7 L/min（图2-4）。

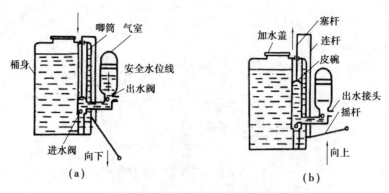

图 2-4　背负式喷雾器工作原理示意图

（三）使用方法练习

1.安装

先把零件揩擦干净，再把卸下的喷头和套管分别连在喷管的两端，然后把胶管分别连接在直通开关和出水接头上。安装时要注意检查各连接处垫圈有无漏装，是否放平，连接是否紧密。要根据防治对象、用药量、林木种类和生长期选用适当孔径的喷孔片和垫圈数目。1.3～1.6 mm孔径喷片适合常量喷雾，0.7 mm孔径喷片适合低容量喷雾。

2.检查气筒

气筒是否漏气，可抽动几下塞杆，如果手感到有压力，而且听到喷气声音，说明气筒完好不漏气，这时在皮碗上加几滴油即可使用。如果情况相反，说明气筒中的皮碗已变硬收缩，应取出皮碗放在机油或动物油中浸泡，待皮碗胀软后，再装上使用。安装皮碗时，将皮碗的一半斜放在气筒内，边转边插入，切不可硬塞。

3.试喷

将药液箱内放入清水，装上喷射部件，旋紧拉紧螺帽，抽拉塞杆，打气至一定压力，进行试喷。检查各连接部位有无漏气、漏水现象，观察喷出雾点是否正常。如有故障，查出原因，加以修复后再喷洒药液。

4.添加药液

在放入药液前，做好药液的配制和过滤工作。添加药液时，要关闭直通开关，以免药液流出，注意应添至外壳标明的水位线处。如超过此线，药液会经唧筒上方的小孔进入唧筒上部，影响喷雾器工作。另外，药液装得过多，压缩空气就少，喷雾就不能持久，就要增加打气次数。最后盖好加水盖（放平、放正、紧抵箱口），旋紧拉紧螺帽，防止盖子歪斜造成漏气。

5.喷药作业

喷药前，先搬动摇杆6～8次，使气室内的气压达到工作压力后再进行喷雾。如果搬动摇杆感到沉重，就不能过分用力，以免气室外爆炸而损伤人、物。打气时，要保持塞杆在气筒内竖直上下抽动，不要歪斜。下压时，要快而有力，使皮碗迅速压到底。这样，压入的空气就多。塞杆上抽时要缓慢，使外界空气容易流入气筒。背负式喷雾器作业时，以每分钟揿动拉杆18～25次为宜，一般走2～3步，就要上下揿动摇杆1次。

6.日常保养

喷药完毕后，要倒出喷雾器里的残液进行妥善处理，还要清洗喷雾器所有零件（如喷管、摇杆等），再涂上黄油防锈。其零部件不能装入药液箱内，以防损坏防腐涂料，影响其使用寿命。喷雾器拆卸后再装配时，注意气室螺钉上的销钉滑出，同时不要强拧气室螺钉，以免损坏。

（四）常见故障排除

背负式喷雾器在操作中遇到故障可按表2-24所示方法进行排除。

表2-24 背负式喷雾器常见故障及排除方法

故障现象	故障原因	排除方法
打气时，手不感到吃力，喷雾压力不足，雾化不良	1.进水球阀被污物搁起； 2.皮碗破损； 3.连接部位未装密封圈，或因密封圈损坏而漏气	1.拆下进水球阀，用布清除聚集的污物； 2.更换新皮碗，调换前必须用油浸透再装配； 3.加装或更换密封圈
打气时泵盖漏水	1.药液加得过满，超过泵筒上的回水孔； 2.皮碗损坏	1.将药液倒出一些，使药液在水位线范围内； 2.更换皮碗
喷不成雾状	1.喷头体的斜孔被污物堵塞； 2.喷孔堵塞； 3.进水球阀被污物搁起； 4.套筒的滤网堵塞	1.疏通斜孔； 2.拆开清洗，但不要使用铁丝或钢针等硬物，以免孔眼扩大，使喷雾质量变差； 3.拆下，用布清除污物； 4.清洗
开关漏水或拧不动	1.开关帽未旋紧； 2.开关芯上的垫圈磨损； 3.开关芯表面的油脂涂料少，拧不动或使用时间过长，开关芯因药剂的侵蚀而黏结住	1.旋紧开关帽； 2.更换垫圈； 3.拆下零件在煤油或柴油中清洗浸泡一段时间，再拆卸，涂1层厚油脂

四、任务评价

本任务评价表如表2-25所示。

表2-25 "背负式手动喷雾器使用与保养"任务评价表

工作任务清单	完成情况
会背负式手动喷雾器的使用与保养技术	
会背负式手动喷雾器的故障排除	

任务二 背负式机动喷雾喷粉机的使用与保养

一、任务验收标准

①会背负式机动喷雾喷粉机的使用与保养技术。

②会背负式机动喷雾喷粉机的故障排除。

二、任务完成条件

3MF-16型喷雾喷粉机及随机工具、100 mL量桶、塑料桶、木棒、手套、口罩。供试的15%辛硫磷乳油、水、90#以上汽油。

背负式喷雾喷粉机 GB/T 7723.2。

农林机械GB 10395.1。

三、任务实施

（一）认识背负式机动喷雾喷粉机的主要工作部件

背负式机动喷雾喷粉机既可喷雾又可喷粉，把喷雾喷头换成超低量喷头时，还可进行超低量喷雾，适用于林业有害生物的防治。背负式机动喷雾喷粉机由动力部分、药械部分、机架部分组成。动力部分包括小型汽油发动机、油箱；药械部分包括单极离心式风机、药箱和喷洒部分；机架部分包括上机架、下架和背负装置、操纵装置等。

1.药箱

药箱是盛装药粉的装置。根据喷雾或喷粉作用的不同，药箱中的装置也不一样。喷雾作业时的药箱装置由药箱、箱盖、箱盖胶圈、进气软管、进气塞、进气胶圈及粉门等组成。需要喷粉时，药箱不需调换，只要将过滤网连同进气塞取下换上吹粉管，即可进行喷粉。

2.风机

风机为高压离心式，用铁皮制成，包括风机壳和叶轮。风机壳呈涡壳形，叶轮为封闭式，在叶轮中心有轮轴，通过键固定在发动机曲轴尾端。当发动机运转时，叶轮也一起旋转。这种风机叶轮采用径向前弯式的叶片装置，外形尺寸较小，质量较轻，风量大，风压高，吹扬药粉均匀，特别是在用长塑料薄膜喷管作业时，粉剂能高速通过被喷植物，形成一片烟雾。

3.喷射部件

喷射部件包括弯管、软管、直管、喷头、输液管和输粉管等。根据作业项目的不同，安装相应的工作部件，以满足喷雾和喷粉的需要。喷雾作业时，由弯管、软管、直管、输液管、手把开关和喷头组成。当进行喷粉作业时，去掉输液管和喷头，换装输粉管。

另外，对小型汽油机的主要部件也应有所了解，以便于掌握喷雾喷粉机的操作。

（二）了解工作原理

我国施药器械
的发展趋势

1.喷雾工作过程

发动机带动风机叶轮旋转，产生高速气流，并在风机出口处形成一定压力。其中大部分高速气流经风机出口流入喷管，少量气流经过风阀、进气塞、软管，经过滤网出气口返入药箱内，使药液形成一定的压力。药箱内药液在压力作用下，经粉门、输液管接头进入输液管，再经手柄开关直达喷头，从喷头嘴周围的小孔流出。在喷管高速气流的冲击下，药液弥散成细小雾点，吹向被喷雾的植物。

2.喷粉工作过程

发动机带动风机叶轮旋转，产生高速气流，大部分流经喷管，一部分经进气阀进入吹粉管，起疏松和运输粉剂的作用。进入吹粉管的气流速度快，而且有一定的压力，气流便从吹粉管周围的小孔钻出，使药粉松散，并吹向粉门口。由于输粉管出口为负压，有一定的吸力，药粉流向弯管内，这时正遇上风机吹来的高速气流，药粉便从喷管吹向被喷植物（图2-5）。

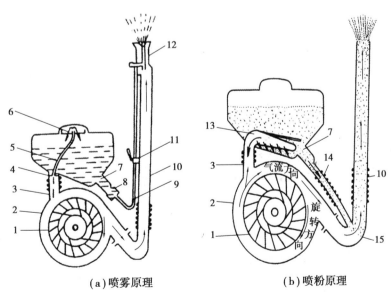

（a）喷雾原理　　　　　（b）喷粉原理

图2-5 喷雾喷粉机工作原理结构图

1—轮装组；2—风机壳；3—出风筒；4—进风筒；5—进气管；6—过滤网组合；7—粉门；
8—出水塞；9—输液管；10—喷管；11—开关；12—喷嘴；13—吹粉管；14—输粉管；15—弯头

(三) 使用方法练习

由教师做好汽油发动机的启动前准备工作, 由学生进行使用方法练习。

1.启动汽油机

打开燃油开关, 使化油器迅速充满燃油; 关小阻风阀, 使之处于1/4开度, 保证供给较浓的混合气以利于启动 (热机启动时不必关阻风阀); 扣紧油门扳机, 使接流阀或风门活塞处于1/2 ~ 2/3开度的启动位置; 缓慢地拉启动绳或启动器几次, 使混合气进入气缸或油箱; 再按同样的方法, 迅速平衡地拉启动绳或启动器3 ~ 5次, 即可启动。启动后, 将阻风阀立即恢复至全开位置, 油门处于怠速位置, 在无负荷状态下怠速空转3 ~ 5 min, 待汽油机温度正常后再加油门和负荷, 并检查有无杂音、漏油、漏气、漏电现象。

2.停机

将手油门放在怠速位置, 空载低速运转3 ~ 5 min, 使汽油机逐渐冷却, 关闭手油门使之停机。严禁汽油机高速运转时急速停机。

3.喷雾作业

使机具处于喷雾状态, 然后用清水试喷1次, 检查各连接处有无渗漏。加药时必须用过滤器滤清, 防止杂物进入造成管路、孔道堵塞。药液不要加得过满, 以免药液从引风压力管流入风机。加药液后, 应旋紧药箱盖, 以防漏气、漏液。药液质量浓度应较正常喷药浓度大5 ~ 10倍。可不停机加药液, 但汽油机应处于怠速状态。药液不可漏洒在发动机上, 避免损坏机件。汽油机启动后, 逐渐开大油门, 以提高发动机的转速至5 000转/min, 待稳定片刻后再喷洒。行进中应左右摆动喷管, 以增加喷幅。行进速度应根据单位面积所喷药量的多少, 通过试喷确定。喷洒时喷管不可弯折, 应稍倾斜一定角度, 且不要逆风进行喷药。

4.喷粉作业

全机结构应处于喷撒粉剂作业状态。粉剂要干燥, 结块要碾碎, 并除去杂草、纸屑等杂物。最好将药粉过筛后加入粉箱旋紧药箱盖, 防止漏气。不停机加药粉, 汽油机应处于怠速运转状态, 并把粉门关闭好。背机后, 油门逐渐开到最大位置, 待转速稳定片刻后, 再调节粉门的开度。使用长薄膜喷管时, 先将薄膜管全部放出, 再加大油门, 并调节粉门喷撒。前进中应随时抖动喷管, 防止喷粉管末端积存药粉。另外, 喷粉作业时, 粉末易吸入化油器, 切勿把化油器内的空气过滤网拿掉。

5.日常保养

作业结束后, 清除药箱内的残药, 清除外部污物, 清洗空气滤清器的滤网, 检查并排除漏油、漏药现象，清理粉门定极与动极之间的积粉，检查、调整、紧固各连接件，检查维修电路系统可能出现的断路、短路现象。

（四）故障排除

在操作过程中，遇到故障可按表2-26所示进行排除。

表2-26 背负式机动喷雾喷粉机常见故障及排除方法

现象	原因	排除方法
喷粉时产生静电	喷管为塑料制作，喷粉时粉剂在管内高速冲刷摩擦会产生静电	在卡环之间连接一根铜线，或用一根金属链一端接在机壳上，另一端拖在地上
喷雾量减少或喷不出雾来	1.喷嘴堵塞； 2.开关堵塞； 3.进风阀未打开； 4.药箱盖漏气； 5.发动机转速下降； 6.药箱内进气管拧成螺旋形； 7.过滤网组合通气孔堵塞	1.拧下喷嘴清洗； 2.拧下转芯清洗； 3.打开进风阀； 4.盖严，检查胶圈是否垫正； 5.查明原因后排除故障； 6.重新安装好； 7.清除堵塞物，使通气孔畅通
输液管各接头漏药液	塑料管因使用日久而老化，使连接处松动	用铁丝拧紧接头或换新塑料管
手把开关漏水	1.开关压盖未拧紧； 2.开关芯上的垫圈磨损； 3.开关芯表面油脂涂得少	1.拧紧； 2.更换垫圈； 3.在开关芯表面涂一层油脂
药液进入风机	1.进气塞与进气胶圈之间间隙过大； 2.进气胶圈被药液腐蚀； 3.进气塞与过滤网组合之间的进气管脱落	1.将机器倾斜倒出药液，更换进气胶圈，或在进气塞周围缠一层胶布，使它与进气胶圈密合； 2.更换胶圈； 3.重新安装好，用铁丝扎紧
药箱盖漏水	1.药箱盖未拧紧 2.垫圈不正或胀大	1.拧紧 2.重新垫正或更换垫圈
喷粉量减少或喷不出粉	1.粉门未全部打开； 2.药粉潮湿； 3.粉门堵塞； 4.进风阀未全部打开； 5.发动机未达到额定转速； 6.吹粉管脱落	1.全部打开； 2.换用干燥药粉； 3.清除堵塞物； 4.全部打开； 5.查明原因后排除故障； 6.重新安装好
药箱跑粉	1.药箱盖未盖正； 2.胶圈未垫好； 3.垫圈损坏	1.盖正药箱盖； 2.垫好胶圈； 3.更换垫圈
药粉进入风机	1.吹粉管脱落； 2.吹粉管与进气胶圈密封不严	1.重新安装好； 2.封严； 3.关严粉门
叶轮组装与风机壳摩擦	1.装配间隙不对； 2.叶轮组装变形	1.加减垫片来调整间隙； 2.用木锤调整叶轮组装

四、任务评价

本任务评价表如表2-27所示。

表2-27 "背负式机动喷雾喷粉机使用与保养"任务评价表

工作任务清单	完成情况
会背负式机动喷雾喷粉机的使用与保养技术	
会背负式机动喷雾喷粉机的故障排除	

任务三 热力烟雾机的使用与保养

一、任务验收标准

①掌握热力烟雾机的使用与保养技术。

②会排除热力烟雾机的故障。

二、任务完成条件

6HYB-25型热力烟雾机及随机工具、100 mL量桶、塑料桶、木棒、手套、口罩。

供试的油烟剂1瓶、90$^{\#}$以上汽油。

农林机械GB 10395.1。

三、任务实施

(一)认识热力烟雾机的基本构造

热力烟雾机是利用内燃机排气管排出的废气热能使油剂农药形成微细液化气滴的气雾发生机,实际没有固体微粒产生,人们习惯称其为热力烟雾机。按移动方式,热力烟雾机可分为手提式、肩挂式、背负式、担架式、手推式等;按工作原理,热力烟雾机可分为脉冲式、废气舍热式、增压燃烧式等。

6HYB-25型热力烟雾机为背负弯管式,净质量为11~11.5 kg,油箱容积为1.6 L,耗油量为2.0 L/h,药箱容积为6 L,额定喷药量为25 L/h,最大容量为42 L/h。整机由脉冲喷气式发动机和供药系统组成。前者主要由燃烧室——喷管、冷却系统、供油系统、点火系统及启动系统组成;供油系统主要由油箱、管路、化油器等组成。化油器用于产生发动机工作需要的混合气,化油器包括化油器盖(上有进气孔)、进气膜片、气阀挡扳、进气管、化油器体、油喷嘴、油针阀、内置供油单向阀组成。气阀挡板与化油器盖内表面构成进气间隙,工作时空气由化油器盖上的气孔经此间隙进入化油器内。油喷嘴和油针阀控制油量。启动系统由打气筒、单向阀、集成在化油器体上的启动气流孔道及管路组成。点火系统由电池盒、导线、开关、高压发生器、火花塞等组成。供药系统由增压单向阀、开关、药管、药箱、喷药嘴及接头等构成。

（二）了解工作原理

1.发动机启动（带副油箱一体化化油器）

打气筒打气（或气泵打气），一定流量和压力的空气通过单向阀和管路进入化油器体上的集成孔道，一路进入副油箱，将副油箱中的油压至油嘴；一路进入化油器体内，喷油嘴喷出的燃油在喉管处与进入喉管中的空气气流混合，并进入燃烧室的进气管中。与此同时，点火系统开关接通，产生高压电，火花塞放出高压电弧，点燃混合气。混合气点火"爆炸"，燃烧室及化油器内压力迅速增高。这股高压气体使进气阀片关闭进气孔，并以极快的速度冲出喷管。

2.正常工作循环

在前一工作循环排气惯性作用下，进气阀片打开进气孔，新鲜空气被吸入，燃油也从油嘴被吸入。混合气进入燃烧室，与前一循环残留的废气混合形成工作混合气。同时，该混合气又被炽热废气点燃，接着进行燃烧、排气过程，脉冲式发动机就按进气—燃烧—排气的循环过程不断地工作。

3.喷烟雾过程

由化油器引压管引出一股高压气体，使它经增压单向阀、药开关，加在药箱液面上，产生一定的正压力。药液在压力的作用下经输药管、药开关、喷药嘴量孔流入喷管内。在高温、高速气流作用下，药液中的油烟剂被蒸发，破碎成直径50 μm的烟雾，从喷管喷出，并迅速扩散弥漫，与靶标接触（图2-6）。

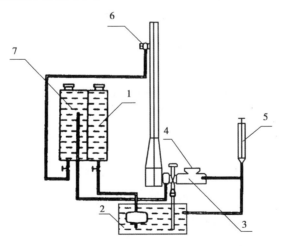

图 2-6　烟雾机原理图

1—油箱；2—副油箱；3—化油器；

4—化油器盖；5—气筒；6—喷药嘴；7—药箱

（三）使用练习

①将机器置于平整干燥处，距喷口2 m内不得有易燃易爆物品。

②检查管路、电路、电池、火花塞、进气阀挡板螺母、进气膜片等部件是否完好。

③在药箱中加入成品油烟剂，药箱加药后盖子必须旋紧，保证密封，不泄漏。

一台机次药量（mL）为步行速度（m/s）、喷药时间（s）、喷幅（m）、单位面积用药量（mL/667 m^2）的乘积。

④将纯净的汽油加入油箱。加汽油的容器必须干净密封，严防杂物和水混入。

⑤在电池盒内装1号干电池（根据型号不同有2节电池和3节电池），安装时注意极性，电池容量要足。

⑥将电开关置于开的位置，这时火花塞应发出清脆的火花声音；机器启动后立即将电开关置于关的位置。

⑦将油门旋钮调至最小位置，而后推动气筒手柄，打气时用力不能过猛，抽动手柄不宜过长，只需气筒1/3长，每打一下、暂停3 min再重复动作（注意压气时速度要快），使汽油充满喷油嘴入口油管中，直至发动机发出连续爆炸声音，停止打气。再细调油门旋钮，至发动机发出频率均匀稳定的声音。

⑧若1次启动不成功，可能是化油器内汽油过多，可揿压油针按钮，用气筒打气把油吹干，再重新启动。严禁在打开化油器盖的情况下，接通电源，检视火花塞发火状况，以免化油器内残留汽油着火。

⑨打开药开关喷烟。喷烟时林内风速在1.0 m/s内为宜，喷幅10～12 m，在坡度30°以下地形，步行速度为0.8～1.0 m/s。坡度30°以上林地步行速度为1.0～1.2 m/s。行走方向与风向垂直。机器在水平位置上倾斜不得超过±15°。喷烟时若发动机突然熄火，应迅速关闭药开关，选择安全地带，重新起动发动机，以避免喷管中残余药剂导致喷火。机器运行时不能加油加药。

⑩关机前或中途停机前应先关上药开关，让发动机运转1 min，用手揿压油针按钮即可停机。

（四）保养

每天作业结束后的保养：

①检查进气膜片，清除膜片及化油器盖上的油污；

②清洗药箱过滤网，去除箱内沉积物；

③擦去机器表面灰尘、油泥；

④清除火花塞积炭，将火花塞擦洗干净；

⑤清除喷管及烟化管内和药喷嘴处积炭，清洗化油器内腔。

作业季节结束后的保养：

①清洗化油器内腔油污；

②倒净油箱、药箱内的残留汽油、药液，并用柴油清洗药箱及药液管路等零件；

③擦去机器表面灰尘、油泥；

④取出电池；

⑤用塑料薄膜罩盖，置于干燥、清洁处保存。

（五）常见故障排除

在操作中遇到故障时可按表2-28所示方法进行排除。

表2-28　热力烟雾机常见故障排除方法

类别	现象	原因	排除方法
（一）不点火	1.揿压电源开关，无任何声音	电池的电用尽	更换
		电池未装紧，电路未通	装紧电池
		电池极性接反	按指示装好
		电开关失灵	排除或更换
	2.电源开关接通无正常蜂鸣声，只有微弱的叽叽声	线头脱落、松动	检查、接好
		电池弱	更换
		火花塞可能由于积炭受潮、油和药液玷污、内部击穿等引起失效	消除积炭，用汽油洗刷，并烘干火花塞或更换
		高压发生器失效	更换
		火花塞间隙不对	调至1.5～2 mm
（二）点火正常但不能启动	3.化油器无油	副油箱无油	检查主副油箱通道、开关
		供油单向阀不通或漏油	排除或更换
		油箱中滤网或管道堵塞	清洗导通
		油嘴通道堵塞	清洗或更换
	4.启动时，化油器进油管中，油位不能保持	进油单向阀失效	清洗或更换
	5.化油器中汽油过多	由于打气未使发动机启动，积油过多	关闭油嘴量孔，打气，吹干多余的燃油。接通电源点火，当发动机发出断续的爆炸声后，打开油门，重新启动
		油嘴量孔被扩大	更换

续表

类别	现象	原因	排除方法
（三） 不能稳 定工作	6.油路里有气泡	一般油管中的油用完后重新加油都会使油管里产生气泡	打开油门，让机器前倾，连续打气，抽油，直到油管中无气泡为止，然后继续启动。
		油管接头松	上紧
		油管破裂	更换
	7.供油单向阀油嘴堵塞或二面都通了	油中有脏物所致	清洗或更换单向阀油嘴
	8.功率减小或不稳	喷管中积炭增多	用刮子清除积炭
		油中有水	更换汽油、清洗油箱
		油门开度不合适	调整针阀
	9.新鲜空气不能顺畅地通过化油器进气单向阀	进气阀片太脏或已损坏或安装不正确	清洗、更换或重新安装进气阀片
	10.油路中燃油供应不稳定	副油箱中燃油供应跟不上	排除、检查副油箱进油阀
（四） 运行中 突然 熄火	11.油管中无油	油箱中的油耗尽	加油
		进油单向阀突然被堵塞	清洗或更换单向阀
	12.油路中有气泡	清除气泡不彻底	排除
	13.供油太多或太少	油门开度不合适	调正
	14.油路堵塞	量孔进油单向阀堵塞或连接松动	排除
	15.新鲜空气不能进入或化油器盖上进气孔不能关严	进气阀片损坏	更换
（五） 完全不 喷药	16.药箱内没有压力	药箱盖没有盖紧或盖子垫片已坏	上紧药箱盖，更换垫片
		增压单向阀失效	更换
	17.药开关通路堵塞	药液阀阀片已经损坏	更换
	18.管道泄漏	管道接头脱落或松动	上紧安装好
	19.喷头量孔堵塞		清洗或更换

续表

类别	现象	原因	排除方法
（六）部分不喷药	20.发动机功率下降，使喷药量减少	喷管中大量积炭	清除
	21.箱内压力不足	增压单向阀失灵但没有完全失效	清洗或更换
	22.可听到断续的漏气声	管道接头松动	重新安装好
	23.药开关通路部分堵塞	通道内有沉积物	清洗
	24.药开关漏气	开关压力弹簧压力不足	调紧
		阀体或阀片磨损	更换
（七）中途喷火		机器过热	停机休息
		烟量过少	开始偶然喷火，可立即关闭开关，然后马上开启即可消除。若重复上述操作数次无效，应停机检查排除故障

四、任务评价

本任务评价表如表2-29所示。

表2-29　"热力烟雾机的使用与保养"任务评价表

工作任务清单	完成情况
会热力烟雾机的使用与保养技术	
会热力烟雾机的故障排除	

任务四　打孔注药机的使用与保养

一、任务验收标准

①会打孔注药机的使用与保养技术。

②会打孔注药机的故障排除。

植保无人机
概述

二、任务完成条件

BG305D型背负式打孔注药机、100 mL量桶、塑料桶、木棒、手套、口罩。

供试的内吸性杀虫剂1瓶、水、90#汽油。

农林机械GB 10395.1。

三、任务实施

（一）认识打孔注药机的基本构造

BG-305D背负式打孔注药机为创孔无压导入法注药方式。它由两部分组成：一是钻孔部分，由1E36FB型汽油机通过软轴连接钻枪，钻头可根据需要在10 mm范围内调换；二是注药部分，由金属注射器通过软管连接药箱，可连续注药，注药量可在1～10 mL内调节。

该机净质量为9 kg，最大输出功率为8 kW，6 000 r/min，油箱容积为1.4 L，使用（25～30）：1的燃油，点火方式为无触点电子点火。钻枪长450 mm，适于杨树和松树，最大钻孔深度为70 mm。药箱容积为5 L，定量注射器外形尺寸为200 mm×110 mm×340 mm。

观察汽油机、化油器、油箱、油管、软轴、钻枪、钻头、金属注射器、软管、药箱等。

（二）使用方法练习

①安装好机器，加好90#汽油和药剂。

②将停车开关推至启动位置。

③打开油开关，垂直位置为开，水平位置为关。

④适当关闭阻风门（冬天全关闭，夏天部分关闭，热机不用关闭）。

⑤拉启动绳直至启动为止。

⑥启动后怠速运转5 min预热汽油机。

⑦同时按下自锁手柄和油门手柄，使汽油机高速运转。

⑧在树下离地面0.5～1 m处向下倾斜15～45°钻孔，不宜用力压，时刻注意拔钻头，孔径为10 mm或6 mm，孔深30～50 mm。如果出现钻头卡在树中的情况，要马上松开油门控制开关，使机器处于怠速状态，然后停机，左旋旋出钻头。

⑨用注射器将一定量的药液注入孔中。

⑩停机时松开油门手柄使汽油机低速运转30 s以上，再将停车开关推至停机位置。

（三）日常保养

①清理汽油机上的油污和灰尘。

②拆除空气滤清器，用汽油清洗滤芯。

③检查油管接头是否漏油，接合面是否漏气，压缩是否正常。

④检查汽油机外部紧固螺钉，如松动要旋紧，如脱落要补齐。

⑤每天工作完毕用清水清洗注射器。

⑥每使用50 h向硬轴及软轴外表面补加耐高温润滑脂。

⑦钻头磨钝及时更换或调整。

四、任务评价

本任务评价表如表2-30所示。

表2-30 "打孔注药机的使用与保养"任务评价表

工作任务清单	完成情况
会打孔注药机的使用技术	
会打孔注药机的日常保养	

模块三 经济林常见病虫害防治

工作领域一 经济林种苗病虫害防治

◎技能目标

1.会正确识别经济林种苗害虫的常见种类。

2.会正确识别经济林种苗病害的常见种类。

3.会编制经济林种苗病虫害的防治工作历。

任务一 经济林种苗害虫识别

一、任务验收标准

①会正确识别直翅目、等翅目、鳞翅目、鞘翅目里常见的种苗害虫。

②掌握与害虫防治有关的昆虫习性。

二、任务完成条件

按组配备体视显微镜、镊子、解剖针、尺子等；每组1套为害种实和苗木的栗实象、核桃举肢蛾、铜绿丽金龟、华北大黑鳃金龟、大云鳃金龟、东方绢金龟、华北蝼蛄、东方蝼蛄、小地老虎、黄地老虎、大地老虎等针插标本和黑翅土白蚁、家白蚁浸渍标本，本地区主要种实和苗木害虫的生活史及被害状标本。

拓展小知识：
西瓜虫

三、任务实施

（一）栗实象*Curculio davidi* Fairmaire

1.虫态识别

取栗实象生活史标本，观察虫态特征。

（1）成虫

体长6.5～9 mm，头黑色，头管细长，是体长的0.8倍，前端向下弯曲。雌虫头管长于雄虫。前胸背板密布黑褐色绒毛，两侧有半圆点状白色毛斑。鞘翅被有浅黑色短毛，前端和内缘具灰白色绒毛，两鞘翅外缘的近前方1/3处各有1个白色毛斑，后部1/3处有1条白色绒毛组成的横带。足黑色细长，腿节呈棍棒状。腹部暗灰色，腹端被有深棕色绒毛（图3-1）。

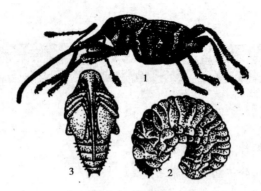

图 3-1　栗实象

1—成虫；2—幼虫；3—蛹

（2）卵

乳白色透明，椭圆形。

（3）幼虫

纺锤形，乳白色，头部黑褐色，老熟幼虫体长8.5～11.8 mm。

（4）蛹

长7.5～11.5 mm，乳白色，复眼黑色。

2.寄主及为害特点

中国板栗产区均有分布。该虫以幼虫为害栗实，栗实被害率可达80%以上，是影响板栗安全贮藏和商品价值的一种重要害虫。其主要为害板栗和茅栗，亦可为害其他一些栎类。成虫咬食嫩叶、新芽和幼果；幼虫蛀食果实内子叶，蛀道内充满虫粪。观察被害状标本。

3.生物学特性

2年1代，以老熟幼虫在土内越冬，第3年6月化蛹。6月下旬至7月上旬为化蛹盛期，经25天左右成虫羽化，羽化后在土中潜伏8天左右性成熟。8月上旬成虫陆续出土，上树啃食嫩枝、栗苞吸取营养。8月中旬至9月上旬在栗苞上钻孔产卵，成虫咬破栗苞和种皮，将卵产于栗实内。一般每个栗实产卵1粒。成虫飞翔能力差，善爬行，有假死性。卵经10天左右，幼虫孵化，蛀食栗实，虫粪排于蛀道内。栗子采收后幼虫继续在果实内发育，为害期30多天。10月下旬至11月上旬老熟幼虫从果实中钻出入土，在5～15 cm深处做土室越冬。有些幼虫在越冬后有滞育现象，延续到第3年化蛹。

（二）核桃举肢蛾*Atrijuglans hetauhei* Yang

1.虫态识别

取核桃举肢蛾生活史标本，观察虫态特征：

（1）成虫

体长5～8 mm，翅展12～14 mm，黑褐色，有光泽。复眼红色；触角丝状，淡褐色；下唇须发达，银白色，向上弯曲，超过头顶。翅狭长，缘毛很长；前翅端部1/3处有1半月形白斑，基部1/3处有1椭圆形小白斑。腹部背面有黑白相间的鳞毛，腹面银白色。足白色，后足很长，胫节和跗节具有环状黑色毛刺，静止时胫、跗节向侧后方上举，并不时摆动，故名"举肢蛾"（图3-2）。

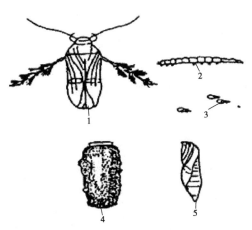

图 3-2 核桃举肢蛾

1—成虫；2—幼虫；3—卵；4—茧；5—蛹

（2）卵

椭圆形，长0.3～0.4 mm，初产时乳白色，渐变黄白色、黄色或淡红色，近孵化时呈红褐色。

（3）幼虫

初孵时体长1.5 mm，乳白色，头部黄褐色。成熟幼虫体长7.5～9 mm，头部暗褐色；胴部淡黄白色，背面稍带粉红色，被有稀疏白刚毛。腹足趾沟间序环，臀足趾沟为单序横带。

（4）蛹

长4～7 mm，纺锤形，黄褐色。

（5）茧

椭圆形，长8～10 mm，褐色，常粘附草屑及细土粒。

2.寄主及为害特点

寄主分布于北京、河南、河北、陕西、山西、四川、贵州等地。幼虫在核桃果内（总苞）纵横蛀食为害，被害的果实果皮发黑、凹陷，核桃仁（子叶）发育不良，干缩变黑，故称"核桃黑"。

3.生物学特性

核桃举肢蛾在西南核桃产区1年2代，在山西、河北1年1代，在河南1年2代，均以成熟幼虫在树冠下1~2 cm的土壤中、石块下及树干基部粗皮裂缝内结茧越冬。在河北，越冬幼虫6至7月下旬化蛹，盛期在6月上旬，蛹期7 d左右。成虫发生期在6月上旬至8月上旬，盛期在6月下旬至7月上旬，幼虫6月中旬开始为害。老熟幼虫7月中旬开始脱果，盛期在8月上旬，9月末还有个别幼虫脱果。在四川绵阳，越冬幼虫于4月上旬开始化蛹，5月中、下旬为化蛹盛期，蛹期7~10 d；越冬代成虫最早出现于4月下旬果径6~8 mm时，5月中、下旬为盛期，6月上、中旬为末期；5月上、中旬出现幼虫为害。6月出现第1代成虫，6月下旬开始出现第2代幼虫为害。

成虫略有趋光性，多在树冠下部叶背面活动和交配，产卵多在下午6~8时，卵大多产在两果相接的缝隙内，其次是产在梗洼或叶柄上。一般每1果上产1~4粒，后期数量较多，每1果上可产7~8粒。每雌可产卵35~40粒。成虫寿命约1周。卵期4~6 d。幼虫孵化后在果面爬行1~3 h，然后蛀入果实内，纵横食害，形成蛀道，粪便排于其中。蛀孔外流出透明或琥珀色水珠，此时果实外表无明显被害状，随后青果皮皱缩变黑腐烂，引起大量落果。1个果内有幼虫5~7头，最多有30余头，在果内为害30~45 d老熟，咬破果皮脱果入土结茧化蛹。第2代幼虫发生期间，正值果实发育期，内果皮已经硬化，幼虫只能蛀食中果皮，果面变黑凹陷皱缩。至核桃采收时有80%左右的幼虫脱果结茧越冬，少数幼虫直至采收被带入晒场。

核桃举肢蛾的发生与土壤湿度有密切关系。土壤湿度大、杂草丛生发生重；一般窝风阴湿处和深山区发生重，避风向阳干燥处和浅山区发生轻；阴坡地比阳坡地、沟里比沟外发生重；荒坡地比经常耕作地发生重；成虫羽化期多雨潮湿的年份发生重，干旱年份较轻。

（三）金龟甲类

金龟甲类属鞘翅目金龟甲总科，幼虫又称蛴螬，栖息在土壤中。幼虫取食萌发的林木种子，造成缺苗；咬食幼苗的根或根茎部，轻者造成地上叶片发黄，影响幼苗生长，重者将根茎处皮层环食，使植株死亡。由于蛴螬口器上颚强大坚硬，故咬断部位呈刀切状。成虫也可吞食花、叶、芽和嫩茎，喜会豆科植物。不同虫种其地理分布、为害特点和发生规律均不相同；同一虫种在不同地区的发生规律也有差异；同一地区也可有几个虫种混合发生，给防治带来一定难度。

1.华北大黑鳃金龟*Holotichia oblita*（Faldermann）

（1）分布与为害

自黑龙江、内蒙古至甘肃、宁夏、陕西及沿海各省，南界大致在秦岭附近，均有分布。为害多种针阔叶树、花卉和农作物的幼苗及草坪植物。

（2）形态特征

成虫：体长16～21 mm，长椭圆形，初羽化时红褐色，后变成黑色或黑褐色，有光泽。前胸背板宽约为长的两倍，前缘角较钝，后缘几乎成直角。鞘翅上散布刻点，每一鞘翅上有3条纵隆起线。前足胫节外侧有3个齿，中、后足胫节末端有端距2根。

卵：2.5～2.7 mm，椭圆形，白色，有光泽。

幼虫：体长35～45 mm。头部红褐色，坚硬。胴部向腹面弯成"C"字形，乳白色，柔软多皱。臀节较尖，腹面具钩状毛，呈三角形排列，肛门孔三角形呈三射裂状。

蛹：离蛹，体长21～23 mm，从最初的白色逐渐变为黄色到红褐色（图3-3）。

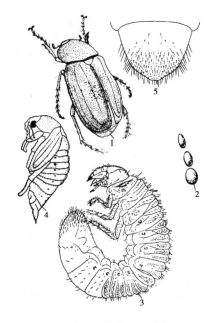

图 3-3 华北大黑鳃金龟
1—成虫；2—卵；3—幼虫；4—蛹；5—幼虫臀节腹面

本种与东北大黑鳃金龟（*Holotrichia diomphalia* Bates）十分相似，其主要区别是，每鞘翅具4条明显纵肋，雄虫前臀节腹板中间无三角形坑。本科主要分布在东北、内蒙古、河北及甘肃等地。

（3）生活史及习性

华北大黑鳃金龟在东北、华北地区的生活史基本上是两年完成1代，成幼虫相间越冬，发生量常有"大、小年"现象。在东北地区，在50～140 cm土层中越冬的幼虫于次年5月上、中旬上移表土层，常啃断幼苗根部、嫩茎，引起苗木枯黄，甚至死亡。为害时，常沿垄向成条状移动。幼虫活动受温湿度影响很大，10 cm地温升至10 ℃左右时，幼虫由地层深处上升至10 cm处，20 ℃时取食最活跃，温度下降时又向地层深处迁移。土壤含水量18%时最适宜幼虫生存。幼虫共有3个龄期，28 d后进入三龄，食量剧增。幼虫于7—8月在深约30 cm的土中筑室化蛹，蛹期15 d左右。成虫羽化后即在原土室中越冬。越冬成虫在4月中、下旬出土活动，日平均气温15～18 ℃、晴天无风时最适宜出土。5月中旬至7月下旬为活动盛期，多在黄昏后活动，啃食叶片、嫩芽。成虫边取食边交尾，具有多次交尾、分批产卵的习性。成虫寿命长达50～120 d。成虫基本无趋化性，有假死性和趋光性。卵散产于10～15 cm深的湿润土壤中，雌虫产卵77～155粒，卵期为19～22 d。

2.黑绒鳃金龟*Maladera orientalis* Motschulsky

（1）分布与为害

分布于东北、华北、西北，南到湖南、福建等省，是我国各地最常见的金龟子优势种之一。以东北、华北地区受害较重。食性杂，主要以成虫为害苗圃内的杨、柳、榆、苹果及落叶松等的叶、花、芽，幼虫可为害各种苗木根部。

（2）形态特征

成虫：体长7～8 mm，卵形，前狭后宽，多为黑褐色。鞘翅具黑绒毛，有光泽，密被细刻点，每侧鞘翅有10列刻点。前足胫节外方有2齿，各足均具爪1对，每个爪上有1个锐齿。

卵：椭圆形，长1.2 mm，乳白色，光滑。

幼虫：体长14～16 mm，乳白色，肛腹板毛列如图3-4所示。

蛹：长约8 mm，黄褐色，复眼朱红色。

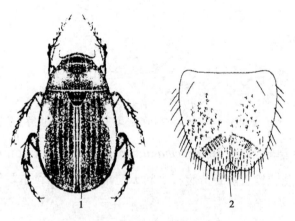

图 3-4 黑绒鳃金龟
1—成虫；2—幼虫臀节腹面

（3）生活史及习性

在北方1年1代。一般以成虫在浅土层或落叶层下越冬。翌年4月中旬出土活动，4月末至6月上旬为成虫盛发期，在此期间可连续出现几个高峰。有雨后集中出土的习性。成虫活动适宜温度为20~25 ℃。日均温度10 ℃以上，降雨量大有利出土。成虫有假死性和趋光性，飞翔力强，昼伏夜出，傍晚喜群集于苹果等阔叶树上取食嫩芽和嫩叶。雌雄成虫交尾呈直角形，雌虫边取食边交尾，交尾盛期在5月中旬，共交尾10 d左右。雌虫产卵于10~20 cm深的土中，卵散产或10余粒集于一处。一般一雌虫产卵10粒，卵期5~10 d。 幼虫有3个龄期，以腐殖质及少量嫩根为食，幼虫期80 d左右。老熟幼虫在20~30 cm深土层中化蛹，预蛹期7 d左右，蛹期11 d。羽化盛期在8月中下旬。当年羽化成虫有个别出土取食的，但大部分不出土，在原处越冬。黑绒鳃金龟喜在干旱地块生活，要求最适宜土壤含水量在15%以下，另外还喜欢沙土或沙荒地。成虫喜欢在寄主多的地方群居为害。

3.铜绿丽金龟*AnomaLa corulenta* Motschulsky

（1）分布与为害

除西藏和新疆外，其分布遍及全国各省，但以气候较湿润而多果树、林木的地区发生较多。幼虫和成虫均能为害，幼虫为害各种苗木的根部，成虫为害各种针阔叶树种的叶部。

（2）形态特征

成虫：体长18~21 mm，铜绿色，有光泽。前胸背板侧缘黄色，鞘翅上有栗色反光。头、胸部和腹面暗黄褐色，前胸背板前缘明显凹进，前缘角突出。足的基节和腿节黄色，余部均为深褐色而带枣红色光泽；前足胫节外侧有2齿，中、后足胫节外侧生有2排小齿，有爪2个。

卵：略呈球形，长径约为1.5 mm，初为白色，后渐变为淡黄色。

幼虫：老熟幼虫体长30~33 mm。肛门一字形，其前方中央有2列针状刚毛（图3-5）。

蛹：长18 mm，长椭圆形，淡黄色。

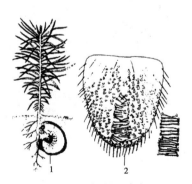

图 3-5　铜绿丽金龟
1—幼虫为害状；2—幼虫臀节腹面

（3）生活史及习性

此虫1年发生1代，以3龄幼虫或少数2龄幼虫在土中越冬。次年5月在14～26 cm土中化蛹。成虫一般在5月中旬或6月中旬始见，盛期在6—8月。成虫活动适宜气温为25 ℃以上，相对湿度在70%～80%，低温和降雨天气很少活动。成虫一般昼伏夜出，盛发期白天亦可外出取食，食性杂，食量大。有假死性和强烈的趋光性，对黑光灯尤其敏感。成虫交尾多在寄主树上，20：00—22：00为活动高峰。成虫平均寿命为30 d。卵散产于6～16 cm深的土中，雌虫平均产卵40粒左右，卵期10 d。土壤含水量10%～15%，土壤温度在25 ℃时为最适宜孵化条件。幼虫一般出现在8月，9月变为3龄。幼虫一般在清晨和黄昏由土中爬至表层，咬食苗木近地面茎部、主根和侧根。幼虫期76 d左右，蛹期21 d。

（四）蝼蛄类

蝼蛄属直翅目蝼蛄科，俗称蝲蝲蛄、地狗、土狗子等。我国有4种，现介绍最常见的两种，即东方蝼蛄（*Gryllotalpa orientalis* Burmeister）和华北蝼蛄（*Gryllotalpa unispina* Saussure）。

1.分布与为害

东方蝼蛄几乎遍及全国，但以南方各地发生较普遍；华北蝼蛄主要分布在北纬32°以北地区。蝼蛄终生在土中生活，是幼树和苗木根部的重要害虫，以成虫或若虫咬食根部及靠近地面的幼茎部，为害部位呈丝状残缺；也常食害新播和刚发芽的种子；还在土壤表层开掘纵横交错的隧道，使幼苗须根与土壤脱离而枯萎，造成缺苗断垄现象。

2.形态特征

东方蝼蛄与华北蝼蛄形态区别如图3-6和表3-1所示。

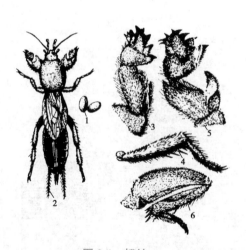

图 3-6　蝼蛄
1、2—东方蝼蛄卵及幼虫；3、4—华北蝼蛄前、后足；
5、6—东方蝼蛄前、后足

表3-1　东方蝼蛄与华北蝼蛄形态比较

虫期	形态部位	东方蝼蛄	华北蝼蛄
成虫	体长	29～31 mm	39～45 mm
	腹部	近纺锤形	近圆桶形
	后足	有棘3～4个	胫节背侧内缘有棘1个或消失
若虫	后足	2、3龄以上与成虫相同	五、六龄以上与成虫相同
	体色	灰黑	黄褐
	腹部	近纺锤形	近圆桶形
卵	长度	2.0～2.4 mm	1.6～1.8 mm
	颜色	色深，卵化前暗褐色或暗紫色	色浅，卵化前暗灰色

3.生活史及习性

东方蝼蛄在我国东北2年完成1代，在华北以南地区1年1代。成虫和若虫在60～100 cm土层中越冬。越冬成虫在气温回升到5 ℃左右时开始上移，地表产生一小堆新墟土，标志着蝼蛄进入表土层活动。4、5月为活动盛期，5月下旬至6月下旬为产卵期。卵产于15～35 cm深的土室中，每雌虫产卵60～80粒，5～7 d孵化。秋季天气变冷时在土中越冬。若虫有6个龄期。

华北蝼蛄3年完成1代，以成虫和7龄以上若虫在60～120 cm土中越冬，翌年3—4月开始，进入表土层活动时，洞顶隆起10 cm左右新墟土隧道。6月上旬至8月为产卵期。卵产在10～15 cm的椭圆形卵室内，有2～3个卵室，平均产卵量120～160粒，卵期20～25 d。秋季达8、9龄时入土越冬。第二年从春季到秋季经几次脱皮达12、13龄时，又入土越冬，第三年秋季羽化为成虫。

蝼蛄活动昼伏夜出，初孵若虫有群集性，怕光、怕风、怕水，具有很强的趋光性。蝼蛄特别喜食香甜物质，尤喜食煮至半熟的谷子、炒香的豆饼或麦麸等；对马粪等具有趋性；喜欢在潮湿的土壤中生活，土温16～20 ℃，含水量在22%～27%最适宜，故春秋两季蝼蛄最活跃，因而有两个为害高峰。

（五）地老虎类

现介绍两种最常见的地老虎：小地老虎（*Agrotis ypsilon* Rott）和黄地老虎（*Agrotis segetum* Denis et schiffermüller）。

1.分布与为害

地老虎属于鳞翅目夜蛾科，种类多、分布广、数量大。地老虎食性杂，以幼虫为害多种植物，从地面截断植株或咬食未出土幼苗，亦能咬食植株的生长点，严重影响植物正常生长。小地老虎国内各地均有分布，黄地老虎主要分布于西北、西南、东北、华北及中南地区。

2.形态特征

两种地老虎形态区别如表3-2、图3-7、图3-8所示。

表3-2　两种地老虎形态的主要区别

虫态	部位	小地老虎	黄地老虎
成虫	体长	18～24 mm	15～18 mm
	前翅	暗褐色，肾状纹外有一尖长楔形斑，亚缘线上也有两个尖端向里的楔形斑	黄褐色，横线不明显，有肾状纹，明显镶有黑边
	后足	有棘3～4个	胫节背侧内缘有棘1个或消失
幼虫	体长	37～50 mm	35～45 mm
	体表	灰褐色，满布大小颗粒	灰褐色，无颗粒
	臀板	黄褐色，有深色纵线两条	为两大块黄褐色斑

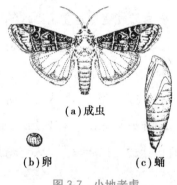

图 3-7　小地老虎

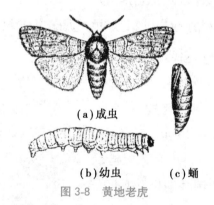

图 3-8　黄地老虎

3.生活史及习性

小地老虎在东北、内蒙古、西北中北部每年2～3代，华北3～4代，西北东部（陕西）4代，华东4代，西南4～5代，华南湾地区等6～7代。关于小地老虎越冬虫态，在北纬33°以北地区，至今尚未查到越冬虫源，可能以蛹越冬；在北纬33°以南至南岭以北地区，主要是以幼虫和蛹越冬；南岭以南地区可终年繁殖为害。各地不论发生几代，常以第一代幼虫在春季发生数量最多，为害最重。黄地老虎在东北、内蒙古每年发生2～3代，华北地区3～4代，长江流域4代，各地均以幼虫在10 cm左右土层中越冬。该虫以春秋两季为害重。

地老虎成虫昼伏夜出，对黑光灯有强烈趋性，对糖、醋、蜜、酒等香甜物质特别嗜好。成虫补充营养后交配产卵，卵散产于杂草或土块上，产卵量300~1 000粒。幼虫一般6个龄期，第一代幼虫期一般为30~40 d，一、二龄幼虫群集于幼苗嫩叶处昼夜取食，3龄以后分散为害，白天潜伏于杂草或幼苗根部附近的表土干、湿层之间，夜出咬断苗茎，尤以黎明前露水未干时更甚，把咬断的嫩茎拖入土穴内供食。当苗木木质化后，则改食嫩芽和叶片，食料不足时则迁移扩散为害。幼虫有假死习性，受到惊扰即蜷缩成团。地老虎喜湿，土壤低湿地区一般发生量大。

四、任务评价

经济林种苗害虫识别任务评价表如表3-3所示。

表3-3　"经济林种苗害虫识别"任务评价表

工作任务清单	完成情况
会正确识别直翅目、等翅目、鳞翅目、鞘翅目里常见的种苗害虫	
掌握与害虫防治有关的昆虫习性	

任务二　经济林种苗病害病原识别

一、任务验收标准

①会正确诊断、识别经济林种苗常见的真菌性病害。

②掌握与防治有关的病原菌侵染循环特点。

二、任务完成条件

立枯病、紫纹羽病、白绢病、根癌病、根结线虫等各种苗木、根部及种实病害实物标本与病原菌玻片标本或病原菌纯培养。

生物显微镜、放大镜、镊子、解剖针、载玻片、盖玻片、烧杯、蒸馏水、香柏油、二甲苯、吸水纸、擦镜纸、0.5%高锰酸钾液等。

三、任务实施

（一）苗木猝倒病

1.分布与寄主

此病又称立枯病，全国各地苗圃均有发生。主要为害松、杉等针叶树幼苗，在短期内可引起幼苗大量死亡。此外还为害檫木、香椿、臭椿、榆树、枫杨、桦树、桑树及刺槐等阔叶树种的幼苗和花卉及多种农作物。

2.症状与病原

病害多在4—6月发生，因发病时期不同，可出现4种症状类型。

（1）种芽腐烂型

种子或幼芽在出土前受土壤中病菌的侵染而腐烂，这种类型往往不被人注意，一般表现为出苗率降低或成块缺苗。

（2）茎叶腐烂型

幼苗出土后，由于苗木过于密集，苗丛内光照不足，遇阴雨天气，其嫩叶和嫩茎感病腐烂，常生出白色丝状物，往往先从幼苗顶端开始发病，然后蔓延全株。这种症状也称为首腐或顶腐型猝倒病。

（3）幼苗猝倒型

幼苗出土后，扎根时期由于苗木幼嫩，茎部未木质化，外表未形成角质层和木栓层，病菌自根茎侵入，产生褐色斑点，病斑扩大呈水渍状后根茎腐烂、缢缩，苗木迅速倒伏，引起典型的猝倒症状。

（4）苗木立枯型

幼苗出土后，基部已木质化，病菌从根部侵入，使根部腐烂，病苗枯死，但不倒伏，故称立枯病。若拔出枯死苗木，根皮常脱落，只能拔出木质部。

引起苗木猝倒病的原因有非侵染性和侵染性两类。非侵染性病原主要由于圃地积水、覆土过厚、土壤板结、烈日暴晒引起种芽腐烂、苗根窒息腐烂或日灼性猝倒。侵染性病原主要是半知菌亚门中的镰刀菌（*Fusarium* spp.）、茄丝核菌（*Rhzoctonia solani* kühn）和鞭毛菌亚门中的腐霉菌（*Pythium* spp.），偶尔也可由交链孢菌和多毛孢菌引起（图3-9）。

3.发病规律

镰刀菌、丝核菌、腐霉菌都是土壤习居菌，有较强的腐生习性，平时生活在土壤中的植物残体上，分别以厚垣孢子、菌核和卵孢子度过不良环境，遇到合适环境和寄主便侵染致病。病害发生的时期，因各地气候条件不同而有差异。一般在5—6月幼苗出土后、种壳脱落前这段时间发病最重，一次病程只需要3~6 s，可连续多次侵染发病，造成病害流行。

病害的发生与以下情况有关：

①前作是马铃薯、棉花、茄子、瓜及菜等感病植物的圃地，病株残体多，病菌繁殖快，苗木易发病；

②雨天操作，因土壤潮湿、板结，促使种芽窒息、腐烂；

③圃地粗糙，床面不平，土壤黏重，苗木生长纤弱，病害易于发生；

④施用未腐熟的有机肥料，常带有病株残体，病菌易侵入为害苗木，且肥料在腐熟过

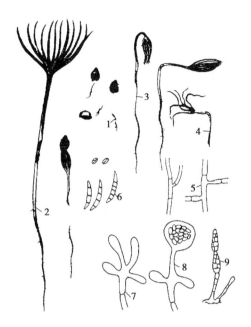

图 3-9　苗木猝倒病

1—种芽腐烂型病状；2—茎叶腐烂型病状；3—猝倒型病状；

4—根腐型病状；5—病原菌的菌丝；6—镰刀菌的大、小分生孢子；

7—腐霉菌的游动孢子囊；8—腐霉菌的泄泡及流动孢子；9—交链孢菌

程中，易烧坏幼苗；

⑤播种过迟，幼苗出土较晚，出土后若遇阴雨，湿度大，有利于病菌生长，加上苗茎幼嫩，抗病力差，病害易发生；

⑥苗木过密，苗间湿度大，有利于病菌蔓延，容易发生茎叶腐烂；

⑦天气干旱，苗木缺水或地表温度过高，根茎灼伤，有利于病害发生；

⑧连续培育松、杉苗3年以上的老圃地容易发病。

（二）苗木茎腐病

1.分布与寄主

苗木茎腐病又称颈缩病，主要分布于我国长江流域以南各省和新疆吐鲁番地区。本病为害多种针阔叶树苗，尤以银杏、扁柏、香榧、杜仲、香椿、桉树及檫树等最易感病。在夏季高温炎热的地区经常发生，为害树种死亡率可达90%以上。

2.症状与病原

病苗初期茎基部变褐色，叶片失绿，稍下垂。病部包围茎基，并迅速向上扩展，引起全株枯死，叶下垂但不脱落。苗木枯死3～5 d后，茎上部皮层稍皱缩，内皮层腐烂呈海绵状或粉末状，浅灰色，其中有许多黑色小菌核。病菌也侵入木质部和髓部，髓部变褐色，中空，也生有小菌核。最后病菌蔓延至根部，使整个根系皮层腐烂。若拔起病苗，则根皮脱落，仅拔出木质部。2～3年生苗感病，有的地上部分枯死，根部仍保持健康，当年自根颈部能发出新芽。病原为半知菌亚门的菜豆球壳孢菌［Macrophomina phaseolina（Tassi）G. Goid］。

3.发病规律

此病菌是一种弱寄生菌，喜好高温，生长最适温度为30～32 ℃。平时在土壤中营腐生生活，在适宜条件下，自伤口侵入为害。苗木受害主要是由于夏季炎热，土温增高，苗茎受高温灼伤，造成病菌入侵的机会。据观察，在南京地区，苗木一般在梅雨季节结束后10～15 d开始发病，以后发病率逐渐增加，到9月中旬停止。发病程度与气温的高低及高温持续时间成正相关，气温越高，持续时间越长，则病害越重。因此，可以根据梅雨季节后气温高低的变化情况预测病害的流行程度。

（三）白绢病

1.分布与寄主

白绢病又称菌核性根腐病，分布在我国南方各省，寄主范围很广，已知为害60多科中的200多种植物。木本植物有油茶、楸树、梓树、楠木、茶、桑及樟树等。发病后常引起苗木、幼树死亡。

2.症状与病原

白绢病为害各种寄主的症状大致相似。苗木受害后根部皮层腐烂，导致全株枯死。在潮湿条件下，受害根颈表面产生白色菌索，并蔓延至附近的土壤中，后期在病根颈表面或土壤内形成油菜籽似的圆形菌核。

病原为半知菌亚门的齐整小核菌（*Sclerotium*，*rolfsii* Gurzi），有性型为担子菌，但很少出现。菌丝呈白色棉絮状或绢丝状。菌核球形或近球形，直径1～3 mm，平滑，有光泽，表面茶褐色、内白色（图3-10）。

3.发病规律

该病菌为一种根部习居菌，只能在病株残体上生活。病菌生长最适温度为30 ℃。此菌容易形成菌核，菌核无休眠期，对不良环境有很强的抵抗能力，能在土壤中存活 5～6 年。病菌以菌核在病株残体上或土壤中越冬，次年春季土壤湿度适宜时，菌核萌发产生新的菌丝体，侵入植物的根颈部为害。病株菌丝可沿土壤间隙向周围邻近植株蔓延。菌核借苗木或流水传播，高温高湿和积水利于发病。6—9月为发病期，7—8月为发病盛期。

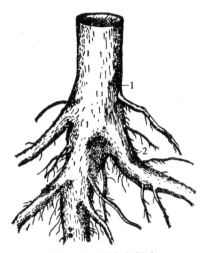

图 3-10　苗木白绢病

1—病根；2—病菌菌核

（四）紫纹羽病

1.分布与寄主

紫纹羽病又称紫色根腐病，是多种树木、果树和花卉上一种常见的根部病害，分布极为广泛，我国东北各省和河北、河南、安徽、江苏、浙江、广东、四川及云南等省均有发生。树木中如柏、松、刺槐、柳、杨、栎及漆树等都易受害。我国南方栽培的橡胶、芒果等也常有紫纹羽病发生。

紫纹羽病常见于苗圃。受害苗木病势发展迅速，很快就会枯死。成年大树受害后，由于病势发展缓慢，主要表现为逐渐衰弱，个别严重感病植株，由于根茎部皮层腐烂而死亡。

2.症状与病原

紫纹羽病的主要特征为病根表面呈紫色。病害首先从幼嫩新根开始，逐步扩展至侧根及主根。感病初期，病根表面出现淡紫色疏松棉絮状菌丝体，其后逐渐集结成网状，颜色渐深，整个病根表面为深紫色短绒状红色菌核。病根皮层腐烂，极易剥落。木质部初呈黄褐色，湿腐后期变为淡紫色。病害扩展到根茎后，菌丝体继续向上延伸，包围干基。6、7月间，菌丝体产生微薄白粉状子实层，即担子和担孢子。病株地上部分症状表现为顶梢不抽芽，叶形短小，发黄，皱缩卷曲，枝条干枯，最后全株枯萎死亡。该病病原由担子菌亚门紫卷担子菌（*Helicobasidium purpureum*（Tul.）Pat.）引起。子实体扁平，膜质，深褐色毛绒状，厚6~10 mm（图3-11）。

3.发病规律

该病菌为根部习居菌。病原菌利用它在病根上的菌丝体和菌核潜伏在土壤内。菌核有

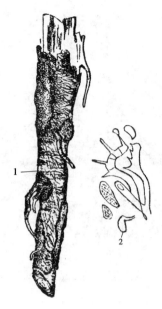

图 3-11 紫纹羽病
1—病根症状；2—担子和担孢子

抵抗不良环境条件的能力，能在土内长期存活，待环境条件适宜时，萌发产生菌丝体。菌丝集结组成的菌丝束能在土内或土表延伸，接触健康树木根部后即直接侵入，病害通过树木根部的互相接触而传染蔓延。孢子在病害传播中不起重要作用。低洼潮湿或排水不良的地区有利于病原菌的滋生，病害的发生往往较多。

（五）种实霉烂

1.分布与寄主

种实霉烂是一类很普遍的病害，我国南北各地均常见，多发生在种实贮藏库，还发生在种实收获前、种实处理的环境中和播种后的土壤中。种实霉烂不但影响种实质量，降低食用价值和育苗的出苗率，而且能食用的种子霉烂后，由其真菌分泌的黄曲霉素会引起人畜中毒。

2.症状与病原

多数在种皮上生出多种颜色的霉层或丝状物，把种子包围起来；少数为白色或黄色的蜡油状菌落。霉烂的种子一般都具有霉味。生有霉层的种子变成褐色。切开种皮时，内部变成糊状，有的仍保持原形，只在胚乳部位有红褐色至黑褐色的斑纹。

引起种实霉烂的病原多半是接合菌亚门和半知菌亚门的真菌，据报道有80多种。常见的是青霉菌（*Penicillium* spp.）、交链孢菌（*Alternaria* spp.），以及曲霉菌（*Aspergillus* spp.）、镰刀菌（*Fusarium* spp.）和匍枝根霉［*Rhizopus stolofer*（Ejrenb ex Fr.）Vuill］

等。有些是细菌引起的，被害种实表面有黄油状或白色蜡状菌落，种实有伤口时，细菌可侵入种子内部，使种子糊化，失去萌发力（图3-12）。

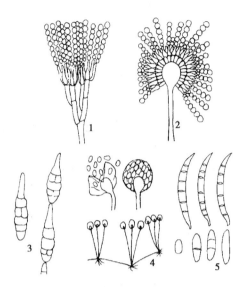

图 3-12　引起种子霉烂的主要病原菌形态

1—青霉；2—黑曲霉；3—细交链孢；

4—匍枝根霉；5—镰刀菌

3.发病规律

上述菌类普遍存在于空气、土壤、水、容器和库房里，种实同这些菌类接触机会多，种实表面带菌是普遍现象。成熟的种实在采收、调制和储运时不慎造成伤口，方便病菌侵入。种实贮藏期温度高、湿度大，霉烂更加迅速。种实霉烂菌生长的最适温度为25 ℃左右，在一般仓库的温度条件下都能活动，因此，湿度往往是发生霉烂的主要因素。

四、任务评价

经济林种苗病害病原识别任务评价表如表3-4所示。

表3-4　"经济林种苗病害病原识别"任务评价表

工作任务清单	完成情况
会正确诊断、识别经济林种苗常见真菌性病害	
掌握与防治有关的病原菌侵染循环特点	

任务三　经济林苗圃病虫害防治工作历的编制

一、任务验收标准

①掌握经济林种苗病虫害综合防治的基本措施方法。

②会制订苗圃病虫害防治工作历。

二、任务完成条件

生物显微镜、苗木病虫害野外调查物品；辅助材料包括本地区气象资料、苗圃统计资料、苗木病虫害防治资料等。

三、任务实施

（一）苗木生长环境调查

苗木生长环境调查应查阅不同苗木种或品种不同生长发育习性及对环境的要求，调查苗圃现有条件，如苗木生产的设施设备、气候土壤条件。

首先查阅当地历史和新近气象资料，再收集和查阅圃地附近的具体的气象资料。收集和查阅资料的主要内容有年平均气温、最高和最低气温、初霜期和晚霜期，并计算年无霜期的天数、年均降水量和主要降水量的时间分布、不同季节的风向和风速以及主要的灾害性气候因素，如冰雹、大风、暴雨、极端低温或高温等出现的频率和时间等。

土壤条件包括土层厚度、土壤质地、土壤肥力、土壤酸碱度和地下水位的高低。具体步骤如下：首先在圃地附近寻找自然土壤剖面，观察和测量土层厚度和各层的土壤质地。如无自然剖面，可人工挖掘深2 m的土壤剖面进行观测。

（二）生产经营情况调查

苗圃地管理体制和管理水平直接影响经济效益。苗圃的性质、管理机构的组成、人员的组成、管理人员的综合素质、技术力量的组成和知识层次，苗圃的经营面积、苗木种类、用途、经济效益、苗圃的用工数量、主要用工时期、用工的开支、材料消耗、销售渠道和市场、销售方法、价格等情况进行调查，通过成本核算和认真分析，计算园地的经济效益。

（三）苗圃培育技术调查

苗圃培育技术调查内容包括土壤施肥和叶面施肥的种类、时期和施用量及浓度，土壤施肥的方法，浇水的时期、方法和总灌溉量，土壤改良情况，轮作与间作情况、土壤覆盖情况及使用的材料和效果，苗木种植形式、移植、修剪、越冬防寒等情况、苗木密度长势等。

（四）病虫害调查

调查为害苗木的主要病虫害种类和发生时期、为害程度、发生量、为害虫态，以及已经采用和正在开展的具体防治措施和方法等。

（五）调查材料的整理和分析

将几个苗圃的调查资料进行整理归纳，就圃地基础、栽培技术、病虫害情况、经营管理水平、经济效益进行综合评价和分析，找出存在的问题，并确定当地主要苗木的主要病虫种类作为重点防治对象。

（六）制订防治工作

通过对本地区苗木培育种类、栽培情况、自然条件、病虫害发生情况的全面调查与分析，以重点苗木的主要病虫害为重点，因地制宜、因时制宜，吸收先进的防治技术，以预防为主，保护环境，确保安全，实用易行为原则制订防治方案，并分解到各月份。预防与控制应规范、详细、可操作，内容可包括各类防治措施和调查测报环节等。苗圃病虫害防治工作历的格式见表3-5。

经济林种苗常见
病害防治措施

经济林种苗常见
害虫防治措施

表3-5　苗圃病虫害防治工作历的格式

月份	防治对象		预防与控制措施	备注
	病虫名称	病原类别/虫态		
12—次年2月				
3月				
4月				
5月				

续表

月份	防治对象		预防与控制措施	备注
	病虫名称	病原类别/虫态		
6月				
7月				
8月				
9月				
10月				
11月				

四、任务评价

经济林苗圃病虫害防治工作历的编制任务评价表如表3-6所示。

表3-6 经济林苗圃病虫害防治工作历的编制任务评价表

工作任务清单	完成情况
掌握经济林种苗病虫害综合防治的基本措施方法	
会制定苗圃病虫害防治工作历	

工作领域二 果树病虫害防治

◎技能目标

1.会正确识别果树害虫的常见种类。

2.会依据害虫的生物学特性制订合理的防治方案。

3.会正确识别果树病害的常见种类。

4.会依据病害的侵染循环特点制订合理的防治方案。

5.会编制果树病虫害的防治工作历。

任务一 苹果树病虫害防治

一、任务验收标准

①会正确识别苹果树腐烂病、苹果树轮纹病、苹果树炭疽病、苹果褐斑病等常见病害的症状。

②会依据病害的侵染循环特点制订合理的防治方案。

③会正确识别桃小食心虫、金纹细蛾、苹果蠹蛾等常见的树害虫。

④会依据害虫的生物学特性制订合理的防治方案。

⑤会编制苹果树病虫害的防治工作历。

二、任务完成条件

苹果树腐烂病、苹果树轮纹病、苹果树炭疽病、苹果褐斑病等常见的病害实物标本与病原菌玻片标本；桃小食心虫、金纹细蛾、苹果蠹蛾等的针插标本及被害状标本或生活史。

按组配备体视显微镜、生物显微镜、镊子、解剖针、尺子等。

三、任务实施

苹果是落叶果树中栽培面积最大、产量最多的果树之一，其产量占各种水果量总产量的1/3还多。据调查，已知为害苹果树的害虫有350多种，病害有90多种。

苹果树的主要病虫害有以下种类：

①果实病虫害。轮纹病、炭疽病、霉心病、锈果病、桃小食心虫、苹小食心虫、苹果

蠹蛾。

②叶部病虫害。褐斑病、白粉病、锈病苹果花叶病、红蜘蛛类、蚜虫类、金龟子类、卷叶虫类、金纹细蛾。

③枝干病虫害。腐烂病、干腐病、介壳虫类、吉丁虫类、天牛类。

④根部病虫害。圆斑根腐病、根腐病、白绢病、紫纹羽病、白纹羽病。

（一）苹果树腐烂病

1.分布及为害

苹果树腐烂病在我国苹果产区均有分布，是苹果树的主要病害之一。若果园管理粗放，树体营养不良或遭受冻害，会引发此病，轻者树体病斑累累，重者枝干残缺不全，甚至整株枯死。

2.症状

病害症状分溃疡型和枝枯型两种。

①溃疡型症状。多发生在果树主干、主枝、侧枝及杈丫等处。初期病斑红褐色，不规则形，略隆起，湿润状。病部皮层组织红褐色，湿腐、松软可撕离，有酒糟气味，干春季常有红褐色汁液溢出有时病斑表面有深浅相间的轮纹，边缘不规整。后期病斑失水、干缩下陷、黑褐鱼，其上散生黑色小粒点，即埋生病菌的分生孢子器及子囊壳的子座。气候潮湿时，由孢子器孔口涌出橘黄色丝状、卷曲的分生孢子角。

②枝枯型症状。多发生于弱树、弱枝或果台、干桩等处。症斑红褐色，形状不规则。病斑迅速扩展，很快绕一周，使上部枝条枯死。后期病斑也产生小黑点。

果实遭受机械伤害（如霉灾）后，苹果腐烂病也能为害果实。病斑近圆形或不规则形，边缘清晰，暗红褐色，有深浅相间的轮纹。病部组织软腐，有酒糟味，其上散生或集生较明显的小黑点，天气潮湿，也能涌出橘黄色丝状孢子角。

3.病原

有性阶段为苹果黑腐皮壳菌（*Valsa* mali Miyabe et Yamada），属子囊菌亚门。子囊壳球形或瓶形，颈长，顶端具孔口。子囊长椭圆形，内生8个子囊孢子。子囊孢子无色，单胞，香蕉状，大小为（7.5~100）μm×（1.5~18）μm。无性阶段为壳囊孢（*Cytospora* sp.）属半知菌亚门。分生孢子器不整形，多腔室，有一个共同的孔口，内壁密生分生孢子梗，顶生分生孢子。分生孢子无色单胞、香蕉状，大小为（4.0~10.0）μm×（0.8~1.7）μm（图3-13）。

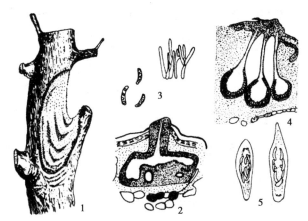

图 3-13 苹果腐烂病
1—树干上溃疡型症状；2—分生孢子器；
3—分生孢子梗及分生孢子；4—子囊壳；5—子囊及子囊孢子

4.发病规律

病菌以菌丝体、分生孢子器及子囊壳在病树皮上越冬。翌春，病菌开始活动，扩展致病，3—11月，田间都有病菌孢子传播侵染，3月下旬至5月侵染较多。病菌多由剪锯口、冻伤口、落皮层（翘皮形成前期）及带有死组织的伤口侵入，也可从果柄痕和皮孔侵入。由于病菌侵染时期长，侵入途径多，外观无症状的树皮往往潜伏有腐烂病菌。当树体或局部组织衰弱，抗病力降低时，潜伏病菌便向健康组织扩展为害，使树皮组织腐烂。发病时期因各地气候条件不同而异，北方果区2月下旬开始发病，3—4月为发病盛期，7—8月发病较少，8—9月下旬稍有回升，11月以后停止发病。

病害发生和流行主要与树势强弱关系密切。果园管理粗放，肥水不足，施用氮肥过多，结果过量，病虫害发生严重，伤口过多，保护不妥等均有利于病菌侵染发病。冻伤及日灼伤使树皮形成坏死组织，不仅增加病菌侵染机会，也会直接诱发树皮内潜伏病菌迅速扩展致病。病斑及病枯枝处理不及时，会加重为害程度，也大量积累了病菌的侵染来源。

5.防治方法

（1）壮树抗病

加强栽培管理，增强树势，提高树体抗病力，是防治腐烂病的根本措施。增施有机肥料，合理修剪，对弱树、弱枝少留果，严格控制大小年结果现象；避免偏施氮肥，适当增施磷钾肥；树干涂白防寒，防止因昼夜温差过大而引起日灼伤；做好病树桥接，以利恢复树势；加强防治为害枝干及削弱树势的其他病虫害等。

（2）清除病菌来源

及时清除病枯枝、病死树和冬剪下来的无病树枝，集中园外烧毁。在果树发芽前，细致刮除老粗翘皮后，喷铲除杀菌剂40%福美砷100倍液、5%菌毒清100倍液、腐必清乳剂50~80倍液等，可杀死树皮表层潜伏病菌，大大减少新生病斑。这不仅避免药除控制苹果腐烂病发生外，还可防治苹果轮纹病、炭疽病、干腐病等。

（3）及时治疗病斑

治疗病斑应坚持春秋两季突击治疗，常年加强巡回治疗，治早、治小。尤其要加强秋季治疗，可减少来春的发病高峰。如树皮腐烂到木质部，可采取刮治方法。刮治时应注意以下5个问题：①刮到好皮处。刮治斑要比病斑宽0.5~1 cm；②刮治时边缘要整齐（利于伤口愈合，不利于病斑复发）；③刮治腐烂病疤后，可用1.8%辛菌胺醋盐液涂抹处理；④刮下的烂皮应带出果园后烧毁；⑤刮治工具用完后应马上进行消毒。每年春季对所有的新老伤疤进行一次消毒，能有效地防止病斑的复发，此外，剪锯口的死伤组织最容易被腐烂病菌侵染发病，因此，在春秋季节也应涂抹消毒剂和保护剂，目前生产上用凡士林作伤口保护剂效果较好。

（二）苹果轮纹病

1.分布与为害

苹果轮纹病在我国苹果产区均有分布，并有逐年加重的趋势，此病可严重削弱树势和引起大量烂果，对果树生产造成巨大损失。轮纹病菌除为害苹果外，还能侵染梨、桃、李、杏、山楂、海棠等多种果树，并有相互传染的可能。

2.症状

苹果轮纹病主要为害枝干和果实，偶尔为害叶片。枝干被害，以皮孔为中心，产生近圆形成不规则形的红褐色病斑，直径3~20 mm。病斑质地坚硬，中央突起呈瘤状，边缘开裂，病皮翘起。次年于瘤上产生许多小黑点，即病菌的分生孢子器。病重时，病瘤密集成片，导致枝干表皮粗糙，严重削弱树势，可造成树枝枯死。

果实多在近成熟期和贮藏期发病，以皮孔为中心产生水渍状褐色小斑点黄色品种在病斑周围多产生红色晕圈。扩大后形成浓淡相间的大型轮纹斑，病斑不凹陷。病斑迅速扩大直至全果腐烂，常溢出褐色汁液，有酸臭味。后期于病斑中部产生小黑点，此为病菌分生孢子器。烂果失水干缩，变成黑色僵果。叶片发病，产生褐色近圆形具有同心轮纹的病斑，直径0.5~1.5 cm。后期变成灰白色，表面散生黑色小粒点。

3.病原

有性阶段*Botryosphaeria berengeriana* de Not. f. *piricola*（Nose） Koganezawa et Sakuma.，属子囊菌亚门，一般很难看见。子座炭质，黑色，子座内多为1个子囊腔。子囊长棍棒状，无色，顶端膨大，基部窄小，厚壁透明，双层。子囊孢子无色，单胞，椭圆形，大小为（22.5～34）μm×（9.0～13.5）μm。无性阶段为*Macrophoma kawatsudai* Hara，属半知菌亚门。分生孢子器具有乳头状突起，呈扁圆形或椭圆形。分生孢子无色，单胞，纺锤形或长椭圆形，两端稍尖，大小为（175～36）μm×（5.0～85）μm（图3-14）。

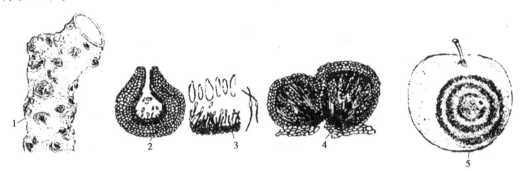

图 3-14　苹果轮纹病
1—症状；2—分生孢子器；3—分生孢子梗和分生孢子；
4—子囊壳、子囊及子囊孢子；5—果实被害状

4.发病规律

病菌以菌丝、分生孢子器和子囊壳在枝干病瘤中越冬。病组织中的菌丝可存活6年左右，翌春，继续活动为害。由于各地区气候条件差异较大，分生孢子的释放和侵染时期不一致。在渤海湾果区，一般5—8月均有孢子飞散，6—7月孢子散发最多，8月以后逐渐减少。孢子借风雨传播，经皮孔侵入。落花后的小幼果至成果期，都能被病菌侵染，以幼果期至果实迅速膨大期侵染最多，8月中下旬以后，侵染数量明显减少。在幼果期病菌侵入后呈潜伏状态，不立即扩展致病，果实接近成熟时才陆续发病，采收期达发病高峰。果实贮藏1个月左右，出现第2次发病高峰。

多雨高湿是病害流行的主导因素。幼果期降雨次数多，持续时间长，病菌侵染数量大，发病严重；反之则病菌侵染少，病变组织一般不深达木质部，具有自愈能力；树势衰弱，病瘤密集，病变组织多而连成一片，深达木质部，易造成死枝死树。

苹果品种间抗病差异较大，金冠、富士、王林、千秋、元帅、红星、青香蕉等品种发病较重；其次为国光、陆奥等；红玉、乔纳金等发病较轻。

5.防治方法

①清除越冬菌源。发芽前彻底清除病枯枝，刮除病瘤及粗皮集中园外烧毁。然后全树喷布40%福美砷可湿性粉剂100倍液，或腐必清乳剂50～80倍液、1∶1∶100波尔多液。

②加强栽培管理合理修剪，增施有机肥料，避免偏施氮肥和留果过多，提高树体抗病力。

③药剂防治。苹果落花后10 d喷第一次药，以后每隔半月喷药一次，至8月上旬结

束。幼果期喷布50%多菌灵可湿性粉剂1 000倍液，混加90%乙磷铝可湿性粉剂600倍液，或70%代森锰锌可湿性粉剂500倍液与乙磷铝混合：或50%乙锰可湿性粉剂500～600倍液、5%菌毒清水剂300倍液，50%扑海因可湿性粉剂1 500倍液，对轮纹病防治效果良好，并可兼治苹果斑点落叶病。果实生长停止后，喷布1：2～3：240波尔多液，或与前述药剂交替使用。

④适时采收，严格剔除病果，及时入库，库温一般控制在1 ℃左右为宜。

（三）苹果炭疽病

1.分布与为害

苹果炭疽病是苹果果实的重要病害之一，在国内各省均有分布，以黄河故道地区发生严重，一些果园病果率高达60%～80%，造成丰产不丰收，经济损失巨大。

2.症状

苹果炭疽病主要为害果实，也能为害枝条和果台，比较少见。

果实被害，初于果面上产生淡褐色、湿腐状、圆形小斑点。扩大后病斑表面凹陷，变黑褐色，于病斑中部产生初为褐色，后变黑色的小粒点，呈同心轮纹状排列，即病菌的分生孢子盘。潮湿时，溢出粉红色的分生孢子团。一个病斑常可扩大到果面的1/3～1/2。病部果肉褐色至暗褐色小斑点，味苦，呈圆锥状向果心腐烂。晚秋染病，病斑为褐色小斑点，由于受低温、干燥的影响，病斑不再扩大，但在苹果贮藏期继续扩展为害，成为苹果贮藏期主要病害之一。

枝条发病多在潜皮蛾为害处及生长极度衰弱的枝条基部。初期病斑深褐色、不规则形，逐渐扩大为梭形溃疡斑，病部表面龟裂，木质部外露，病斑表皮上有时产生小黑点。病斑环切，使其上部枝条枯死。果台染病，自顶端向下发病，病部呈深褐色，严重时果台不能抽出副梢，甚至枯死。

苹果炭疽病与苹果轮纹病识别时极易混淆，现将这两种病害的症状表现区别如表3-7所示。

表3-7　苹果炭疽病与苹果轮纹病的症状区别

苹果炭疽病	苹果轮纹病
果实病斑表面平或凹陷	果实病斑表面不凹陷
病斑颜色较深，轮纹颜色均匀	病斑颜色浅，轮纹颜色深浅交替
树上病斑有小黑点，且呈同心轮纹排列	树上很少有小黑点
病果肉有苦味	病果肉无特异性味道
感病：红姣，红玉，倭锦，印度，国光，秦冠	感病：金冠，富士，元帅，红星白龙，秦冠，倭锦，新乔纳金

3.病原

病菌无性阶段 *Colletotrichum gloeosporioides* Penz.，属半知菌亚门。分生孢子盘垫状或盘状，初埋生后外露。分生孢子无色，单胞，长椭圆形或长圆柱形，集合成团呈粉红色，大小为（12~19）pm×（4~6） μm。有性阶段 *Glomerella cingulata*（*Stonem.*）Schr. etSpauld，属子囊菌亚门。在自然情况下很少发现。子囊壳球形至烧瓶形，深褐色，聚生。子囊孢子单胞，椭圆形，无色，稍弯曲，大小为（12~22）pm×（35~50）pm。苹果炭疽病菌除为害苹果外，还能侵染梨、桃、山楂、葡萄、枣、柿等多种果树，也能侵染刺槐枝条（图3-15）。

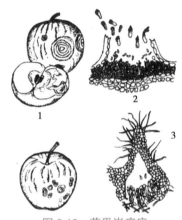

图 3-15 苹果炭疽病
1—病果；2—分生孢子盘及分生孢子；3—子囊壳

4.发病规律

病菌以菌丝体在树上的小僵果、死果台、病枯枝等处越冬。翌春，越冬病菌产生分生孢子，借风雨传播，经皮孔或直接侵入幼嫩组织。苹果坐果后至采收前均能被病菌侵染，幼果期为侵染盛期。幼果期病菌潜育期长，果实近成熟期病菌潜育期短。一般在7月中旬左右开始发病，8月中下旬进入发病盛期，10月病害停止发展。

多雨、高温是诱致病害发生和流行的重要因素。果实生长前期雨水多湿度大，发病早且重。栽植过密，树冠郁闭，修剪粗放，残留于树上的病弱枝和小僵果数量多，发病严重。地势低洼，雨后积水，杂草丛生，果园湿度大，有利于病害发生。距离刺槐林木越近，病害发生越严重。

在苹果品种中，红姣最为感病；红玉、倭锦、国光、金冠、鸡冠、秦冠等品种次之；红星、元帅发病较轻；祝光、黄魁、醇露、秋金星等品种较为抗病。

5.防治方法

①加强田间管理。及时中耕除草，排除果园积水，合理修剪，改善通风透光条件，可减轻病害发生。

②清除越冬菌源。结合修剪彻底清除树上小僵果、病枯枝及病果台，集中烧毁。在果园附近不要栽植刺槐，防止病菌传染到苹果树上。及早摘除初期病果，防止病菌重复侵染。

③喷布铲除剂。结合防治苹果腐烂病和轮纹病，在发芽前全树喷布40%福美砷可湿性粉剂100倍液或其他铲除剂，减少病菌初侵染来源。

④生长期喷药保护果实。落花15 d左右开始喷药，以后每隔10~15 d喷药一次，至果实停止生长。使用药剂有：1：2：200~300波尔多液；80%炭疽福美可湿性粉剂500~600倍液；50%退菌特可湿性粉剂600~800倍液：50%乙锰可湿性粉剂500~600倍液及50%多百胶悬剂500~600倍液。

（四）苹果褐斑病

1.分布与为害

引起苹果早期落叶的叶斑病较多，如苹果褐斑病、灰斑病、圆斑病、轮斑病、斑点落叶病。这几种病害常混合发生，在病害流行年份易造成早期大量落叶，对果实产量和质量影响很大，是苹果病害中主要防治对象之一。其中以苹果褐斑病发生最为普遍，苹果斑点落叶病次之。苹果褐斑病除为害苹果外还为害沙果、海棠、山荆子等苹果属的果树。

2.症状

苹果褐斑病主要为害叶片，也能为害果实。苹果褐斑病在叶片上的症状有以下3种类型：

①同心轮纹型。发病初期，在叶片正面产生褐色小斑点，逐渐扩大为近圆形、暗褐色病斑，直径1~1.5 cm。后期在病斑上产生黑色小点，排列成同心轮纹状，此即病菌的分生孢子盘。

②针芒型。病斑较小，呈放射状扩展，无固定形状，暗褐色或深绿褐色，在病斑上散生小黑点。

③混合型。病斑较大，近圆形或不规则形，暗色至暗褐色，中部灰褐色，其上散生小黑点。在病斑周围有针芒型病斑。数斑相连，呈不规则形大斑。

3种病斑都使叶片发黄，但在病斑周围仍保持绿色，形成绿色晕圈，因而褐斑病又称绿缘褐斑病。果实染病，于果面上产生褐色、近圆形病斑，直径5 mm左右，稍凹陷，不湿腐。病斑下1~2 mm深的果肉变褐色，呈海绵状，不软腐，表面散生稀疏的黑色小粒点。

3.病原

有性阶段为*Diplocarpon mali* Harada et Sawamura，属子囊菌亚门，一般很难见到，子囊盘肉质，钵形或陀螺形，无柄。子囊棍棒状，有囊盖。子囊孢子双胞，无色，长椭圆形，一端略弯曲，大小为（24~30）μm×（5~6）μm。无性阶段 *Marssonina coronaria*（Ell.et Daris）Davis，属半知菌亚门。分生孢子盘初埋生后外露，分生孢子梗短，呈栅栏状排列。分生孢子顶生，无色，双胞，上胞较大而圆，下胞较窄而尖，近似葫芦形，大小为（13.2~18.0）μm×（7.2~8.4）μm（图3-16）。

图 3-16　苹果褐斑病

1—同心轮纹型；2—针茎型；3—混合型；
4—分生孢子盘和分生孢子

4.发病规律

褐斑病菌以菌丝体在病落叶上越冬。次年于5月中下旬，越冬病叶被雨湿润后，陆续产生分生孢子，随风雨传播，从叶片正、反两面侵入。病菌的潜育期主要受气温影响，5月31~45 d；7月上旬至8月上旬6~14 d，平均为10 d；8月下旬3 d。在辽宁、河北，金冠品种发病最早，于5月中下旬至6月上旬开始发病，其他品种多在6月中下旬开始发病。7月上旬至8月上旬进入发病盛期。发病严重的年份，8月中下旬开始落叶，9月大量落叶。落叶严重时，可抽生新梢，甚至开秋花，结二次果，对苹果产量、品质和树势都有很大影响。

病害的发生和流行与雨量大小、降雨早晚、雨日多少及雨期长短有密切关系。春雨早，雨量大，夏季阴雨连绵，秋雨较多年份，发生早且重，反之病害发生晚而轻。另外发病与叶龄也有很大关系，叶龄35 d之内的叶片，容易感染发病，11~25 d的叶片最易感病，36 d以上的叶片基本不再被感染。树势衰弱、结果过量过多、树冠郁密、地势低洼、排水不良等均会加重病害发生。苹果品种间感病差异显著。红玉、金冠、红星等易感病，祝光、国光等发病较轻。

5.防治方法

①清除菌源。秋末冬初清扫落叶，剪除病梢，集中烧毁或深埋。在果树发芽前结合防治腐烂病、轮纹病，喷布40%福美砷可湿性粉剂100倍液，铲除越冬病菌。

②加强栽培管理。多施有机肥，增施磷、钾肥，避免偏施氮肥，提高树体抗病力。合理修剪，改善通风透光条件，及时排出积水，降低果园湿度，减少病害发生。

③喷药保护。根据病菌孢子形成和侵染早晚确定第一次喷药日期。如春雨早、雨量较多，第一次喷药时间应在6月上旬。如雨晚而少，可在6月中旬，全年喷药次数应根据雨期长短和发病情况而定，一般来说，第1次喷药后，每隔10～15 d喷药1次，共喷3～4次。常用有效药剂有：1∶2∶（200～300）倍波尔多液或35%胶悬铜（碱式硫酸铜）400倍液，或锌铜石灰液（硫酸锌05∶硫酸铜0.5∶生石灰2∶水200）。对金冠等易发生药害的品种可喷50%多菌灵可湿性粉剂1 000倍液，70%甲基托布津可湿性粉剂800～1 000倍液。为增加药液粘着性，可在药剂中加入皮胶3 000倍液。

在苹果轮纹病发生严重的地区，应根据落叶病和轮纹病各自的特点，在关键用药时期，选择针对性强的药剂进行综合兼治。

苹果灰斑病、圆斑病、轮斑病在我国苹果产区均有分布，常与褐斑病、斑点落叶病混合发生，但其为害性较少，防治方法参照苹果褐斑病、斑点落叶病。

（五）桃小食心虫

学名：*Carposina niponensis*（Walsingham）；又称苹果食心虫，简称桃小。属鳞翅目果蛀蛾科。

1.分布与为害

分布于黑龙江、吉林、辽宁、河北、河南、山东、山西、甘肃、宁夏、青海、湖南、江苏、浙江等地。主要寄主是苹果属（包括海棠、沙果、山定子等）、梨属（包括山里红、山楂）及枣属植物，也可为害桃。

初孵幼虫从果面蛀入，苹果被蛀后2～3 d从蛀入孔流出果汁水珠状，干后呈白色粉末状。不久蛀入孔变成1个小黑点，其周围稍凹陷。前期蛀入（7月中旬以前）的小幼虫，先在皮下串食，虫道纵横交错，弯曲，致使苹果变畸形，凹凸不平，常称"猴头果"。后期蛀入者，幼虫多直蛀入果心，被害果一般不变形。幼虫最终都蛀入果心并食害种子，被害果内充满褐色颗粒状虫粪，俗称"豆沙馅"。

2.形态特征

成虫体长5～8 mm，灰白色至灰褐色，前翅中部有1个近三角形蓝黑色有光泽的大斑。基部及中部有7簇蓝褐色斜立的鳞片丛。后翅灰色。雌蛾下唇须长而直，雄蛾下唇须短而弯曲。

卵桶形，长径0.4～0.5 mm，短径31～36 mm，卵顶环生2～3圈"Y"形刺。

幼虫长13～16 mm，桃红色，头部及前胸盾黄褐色。无臀栉。幼龄幼虫淡黄白色。

蛹约7 mm，黄白色。翅、足及触角均不紧贴蛹体而游离。

茧由幼虫吐丝缀连土粒制成。越冬茧扁圆形，长径5～6 mm。夏茧纺锤形，长径约85 mm，一端有羽化孔（图3-17）。

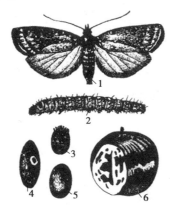

图 3-17　桃小食心虫
1—成虫；2—幼虫；3—卵；4—夏茧；
5—冬茧；6—被害果

3.生活史及习性

桃小食心虫从北方到南方每年发生1～3代。甘肃天水1年发生1代；辽宁、河北、山东、山西、陕西1年发生1～2代；郑州1年发生3代；江苏、安徽1年发生2～3代，以老熟幼虫在杯冠下3～13 cm的土中作茧越冬。树干周围1 m范围内越冬茧占60%，3～7 cm土层中越冬茧占80%。越冬幼虫出土时期早晚与当地当时雨量有关。5～6月份雨水多，幼虫出土快而集中，长期干旱，幼虫出土延迟，有时出土期可拉长达60～80 d，给防治带来困难。

幼虫出土后，先在地面爬行寻找土块、石块、树叶等，在其下吐丝作夏茧，1～2 d后化蛹，再过10～18 d羽化。成虫羽化后2 d左右开始产卵，越冬代雌成虫平均产卵443粒，第1代雌成虫平均产卵601粒，绝大多数卵产于果实萼洼处，卵期7 d左右。初孵化幼虫在果面爬行，遇合适地方钻入果内。在苹果中生活23～28 d，老熟后咬一小孔爬出落地。8月中旬以前脱果的幼虫不入土，在地面作夏茧，化蛹变成虫后产卵发生第2代。桃小食心虫的发生与苹果品种有密切关系，金冠、红玉、金矮生、元帅、秦冠等品种受害较重，青香蕉、富士、新红星、国光等品种受害较轻。

4.防治方法

①地面防治。在幼虫出土始期开始地面施药，半月后再施一次药。施药范围是树冠下及外围30 cm左右。每次每亩用药5~75 kg，兑水300~700倍液喷雾。常用药剂有25%对硫磷微胶囊剂，25%辛硫磷微胶囊剂，50%辛硫磷乳油，50%地亚农乳油等。

施药适期的预测方法：于5月末悬挂桃小食心虫性诱剂诱捕器，一片果园挂5个。诱捕器用直径15 cm左右的大碗制作，碗内放500倍洗衣粉水溶液，保持水面离碗口1 cm。诱芯用细铁丝贯穿，横放在碗口中央。用吊兜将碗挂在树冠下，离地面15 m左右。每天上午观察并捞出雄蛾，记录雄蛾数量，当连续3 d都诱到雄蛾时立即施药。

②树上喷药防治卵果率超过0.5%~1%时，喷药杀卵及初孵化的幼虫。常用农药有：2.5%溴氰菊酯2 500倍液，10%氯氰菊酯2 000倍液，20%杀灭菊酯2 000倍液，20%灭扫利2 000倍液，30%氧乐氰乳油2 000倍液，50%1605乳油1 000倍液，40%水胺硫磷乳油1 000~2 000倍液。

喷药适期预测方法：当性诱剂诱捕器连续3 d诱到雄蛾时，开始进行田间卵果率调查。每隔1~2 d调查一遍。每100株调查5~10株，每株调查果数不少于50个，每个主栽品种各调查1 000个果左右，分别统计各品种的卵果率。喷药后10~15 d卵果率又超过指标时，应再喷药。

③摘除或拣拾虫果摘虫果、拣虫果做得及时、彻底，可以减少树上用药次数。一般摘虫果从6月下旬开始，每隔半月一次，掉下来的虫果可以深埋或煮熟喂猪一举两得。

④地面盖膜以树干基部为中心，半径1.5 m左右的范围内，覆盖塑料薄膜，边缘用土压实，可阻挡越冬幼虫出土和羽化的成虫飞出。

⑤果实套袋纸袋规格是14 cm×16 cm，套袋前疏成单果，在桃小食心虫产卵前套袋，果实成熟前30天摘袋，这是一项行之有效的措施。

（六）红蜘蛛类

为害仁果类和核果类的红蜘蛛有4种：山楂红蜘蛛*Tetranychus viennensis* Zacher、苹果红蜘蛛*Panonychus ulmi* Koch、苜蓿红蜘蛛*Bryobia redikorzeri* Beck、李始叶螨*Eotetranychus pruni* Oudemans，属蛛形纲蜱螨目叶螨科（山楂红蜘蛛、苹果红蜘蛛、李始叶螨）及苔螨科（苜蓿红蜘蛛）。前3种红蜘蛛在我国分布甚广，主要分布于东北、华北、西北、华东及华中和西南部分地区。李始叶螨则分布于我国西北果区，尤其是新疆、甘肃、陕西较多，为害严重。

1.形态特征

4种红蜘蛛可根据雌虫的体型、体色、刚毛、足和卵的特征来区别（表3-8）。

表3-8 4种红蜘蛛的外部形态比较

区别		山楂红蜘蛛	苹果红蛛	苜蓿红蜘蛛	李始叶螨
雌成虫	刚毛	细长，基部无瘤	粗长，基部有黄白色瘤	扁平，叶片状	细长，基部无瘤
	足	黄白色，第1对不特别长	黄白色，第1对不特别长	浅褐色，第1对不特别长	黄白色，第1对不特别长
	卵	圆球形，橙红和橙黄色	圆形稍扁，顶部有一短柄，即葱头形	圆球形，深红色有光亮	近圆形，黄至橙黄色
雌成虫	体型	椭圆，背部隆起	半卵圆形，整个体背隆起	扁平椭圆形	椭圆，背部隆起
	体色	越冬型朱红色，有光泽；夏型暗红色，体背两侧	深红色，取食后变褐红色	褐色，取食后变墨绿色	越冬型橘黄色，夏季呈淡黄绿色

2.生活史及习性

①山楂红蜘蛛（山楂叶螨）。在北方1年发生6～9代，以受精的雌成螨在枝干皮缝及根颈下土缝中越冬。苹果花芽膨大期开始出蛰，至国光品种花序伸出期达出蛰末盛期，初花、盛花期是产卵盛期。落花后1周左右为第1代卵孵化盛期。第2代以后发生世代重叠现象。6月末至7月是全年为害最严重时期。至9月中下旬出现越冬型雌成螨，不久潜伏越冬。山楂叶螨常以小群栖息，在叶背为害，以中脉两侧近叶柄处最多。成螨有吐丝结网习性，卵产在丝网上。卵期在春季为10 d左右，夏季为5 d左右。干旱年份发生重。高温高湿气候山楂叶螨易患多种疾病，短期内数量迅速下降。但果园使用杀菌剂较多的情况下，山楂叶螨不易患病（图3-18）。

②苹果红蜘蛛（苹果叶螨）。在北方1年发生6～9代，以卵在短果枝、果台及1～2年生枝基部越冬。国光品种花序伸出期开始孵化，孵化盛期在始花期至盛花期、终花期全部孵化。大发生时花蕾、嫩叶受害最重，影响开花坐果。落瓣后越冬代成虫陆续产卵，两周后为第1代卵孵化盛期。7—8月为全年数量最多，也是果树受害严重时期，此时受害较重叶片常常变色，被害叶一般提早落叶。9月中下旬产生越冬卵（图3-19）。

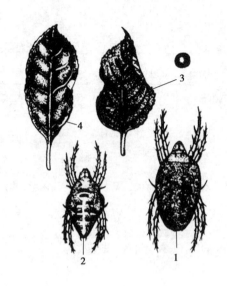

图 3-18 山楂红蜘蛛
1—雌成虫；2—雄成虫；3—卵；4—被害叶

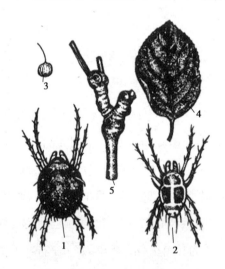

图 3-19 苹果红蜘蛛
1—雌成虫；2—雄成虫；3—卵；4—被害叶；
5—果台上的越冬卵

苹果叶螨经常在叶片正面和背面往返活动，取食、因此各叶片受害均匀，叶片褪色也较均匀。卵产在叶的表皮，可区别于山楂红蜘蛛。当叶片被害严重时，能吐丝下垂，随风飘荡，转移扩散。

③苜蓿红蜘蛛。在河北昌黎1年发生5~6代，以卵在枝条和树皮上越冬早春花芽开绽时开始孵化，盛期在花蕾出现至盛花期。初孵若虫集中在嫩叶花蕾上为害，是全年第1次为害高峰。第2次为害在6月中旬，也正是第1代成虫发生期第2代卵数量最多，各虫态混

杂，为害严重。8月中旬产卵越冬。多在叶面为害，没有结网习性。产卵于果枝、叶柄、果台等处，遇炎热有产卵越夏习性。

④李始叶螨。在甘肃张掖1年发生9代左右，在新疆阿克苏地区1年可发生11～12代。完成一个世代需要9.5～30 d。以受精雌成螨在枝干、树皮裂缝及根颈处土缝落叶、杂草等处越冬。每年4月上中旬平均气温达10.4 ℃时开始出蛰，为害芽和嫩叶。4月下旬至5月初为出蛰盛期，5月中旬越冬代雌螨开始产卵，卵产在叶背面。5月下旬至6月出现第1代成螨，以后发生世代重叠，各虫态并存，7月上旬至8月中旬为全年种群最盛期，也是为害最严重的时期。8月下旬数量下降，9月中旬雌成螨进入越冬场所开始越冬。

3.预测预报

山楂红蜘蛛和李始叶螨的预测预报：

（1）越冬雌成虫出蛰期测报

①调查法。在上年受害重的果园选出5株调查树，每株内膛标定10个顶芽。从越冬雌成螨出蛰（祝光花芽露绿开绽时）始，每天观察一次爬上芽的雌螨数并记录，观察时每次都将芽上的雌螨数准，然后剔除。见有雌螨开始上芽，就应发出出蛰预报。上芽雌螨量大增（花前一周）时，出蛰50%时，发出出蛰盛期预报，并可开始防治。

②诱虫环法。选调查树同上。4月上中旬在主干分枝下部刮一条6～10 cm宽诱虫环，涂一层凡士林（油干时，及时再涂，以保持黏力）。每天检查诱虫环上黏着的螨数，记后，用针挑除。

（2）花后测报调查

花后，在苹果园内选5株调查树，每株在树冠内膛和主枝中段各选10个叶丛，5株树共200片叶。每7天调查一次，统计卵数、幼螨、若螨、成螨数和天敌数并记录。7月中旬后调查，取样部位应移到主枝中段、外围枝条叶丛上。7月中旬以前当平均每叶达4～5头活动螨时，7月中旬以后平均每叶有7～8头活动螨时，即达防治标准，应进行喷药。但当天敌与叶螨的比例为1∶30时，可不用药，在1∶（40～50）时可延缓用药，叶螨比例超过50时，选择性使用农药。

苹果红蜘蛛和苜蓿红蜘蛛的预测预报：

①越冬卵孵化率调查。4月中旬选3～5株有越冬卵的固定调查树，每株在东、南、西、北、中5个方位固定5个枝条，每枝不少于30粒卵，用色笔标记，每两天检查一次固定卵孵化数，当孵化率达50%～60%时可进行喷药。

②夏季虫口密度调查。方法同山楂红蜘蛛花后测报调查。

4.防治方法

山楂红蜘蛛和李始叶螨发生特点很相似，其防治主要做好以下几点：

①苹果发芽前的防治。上年秋季树干绑草圈，诱集越冬成螨；早春果树发芽前刮老皮、翘皮。在早春雌成螨出蛰前烧掉草圈、翘皮。

②花前药剂防治。根据越冬雌成虫出蛰的测报，当越冬雌成虫出蛰率达50%时喷药，可选用药剂有：石硫合剂3~5°Bé、200~400倍硫悬浮剂或95%机油乳剂50~100倍液。

③花后药剂防治。根据花后测报调查，当7月中旬以前平均每叶达4~5头活动螨、7月中旬以后平均每叶达7~8头活动螨时进行喷药。可选用的药剂有0.5%尼索朗乳油2 000倍液、10%四螨嗪可湿性粉剂1 500倍液，20%螨死净浮剂2 500~3 000倍液，此药剂对红蜘蛛有效，对人畜低毒，对其他昆虫无害，药效期长达60 d，一次用药保全年平安，但不杀成螨。如果红蜘蛛已开始造成了为害，可在上述药剂中混加20%三氯杀螨醇乳油600倍液，15%哒螨酮乳油3 000倍液。此外，还可用高效、低毒、低残留、无公害的农药1.8%阿维菌素5 000倍液。

④生物防治。我国苹果园控制害螨的天敌资源非常丰富，主要种类有深点食螨瓢虫*Stethorus punctillum* Weise、小黑花蝽*Orius minutus* Linnaeus、中华草蛉*Chrysopasinica* Tieder及捕食性螨等12种。这些天敌对害螨有很强的自然控制作用，应注意保护，尤其是使用农药应选用对天敌杀伤力小的选择性杀螨剂，如克螨特、螨死净、阿波罗、尼索朗等。采用生态选择法改变广谱性杀虫剂的施药方式，如地面喷药，树干包扎，局部涂药，分区轮换用药，分年、分次轮换用药等。大力推广人工饲养和释放天敌防虫方法。

苹果红蜘蛛和苜蓿红蜘蛛发生特点很相似，其防治主要做好以下几点：

①春季越冬卵孵化期喷药防治。此时虫态整齐，幼螨抗药力弱，天敌未大量出现，花芽开始萌动时，可选用下列药剂喷雾：0.04%的氯杀乳剂、1%二硝基酚、0.7%K6451乳剂、0.2°Bé石硫合剂+20%三氯杀螨醇1 000倍液、20%三氯杀螨矾可湿性粉剂800~1 000倍液。

②夏季防治。防治的关键时期是：越冬卵孵化盛期，第1代幼虫期，此后可按虫口密度决定喷药时期。可选用的药剂参考山楂红蜘蛛。

（七）金纹细蛾

学名：*Lithocolletis ringoniella* Mats；别名苹果细蛾、俗称潜叶蛾。属鳞翅目细蛾科。

1.分布与为害

金纹细蛾分布于辽宁、山东、河北、河南、山西、陕西、甘肃、宁夏、安徽、江苏、贵州、四川等苹果产区。幼虫为害苹果属、梨属和山楂属植物的叶片，以苹果受害最重，山楂的某些品种受害较重。在一些果园，由于药剂种类的变更，此害虫为害日趋严重，到生长后期，受害园叶片被害率达100%，一片叶上有15~20个虫斑。叶片被害严重后皱缩，落叶，对生长、结果造成严重影响。

幼虫蛀入叶背表皮下食害叶肉，后期叶斑呈梭形，长径约1 cm，下表皮与叶肉分离。叶背形成一皱褶，叶正面虫斑呈透明网眼状。虫粪黑色，堆在虫斑内。虫斑表皮干枯、破裂。

2.形态特征

①成虫。体长约25 mm，头、胸和前翅的大部分为金黄鱼或金褐鱼。头顶区为银白色。前翅基半部有3条银白色纵带，其端部前、后缘各有3个银白色爪状斑；后翅尖细，灰色，前、后翅均有极长的缘毛。

②卵。椭圆形，长径0.3 mm，白色半透明。

③幼虫。体长6 mm，稍扁。细长呈纺锤形，淡黄色。腹足3对，小，着生于3~5腹节上。胸足和臀足发达。

④蛹。长约3 mm，初期黄绿色后变黄褐色。头部两侧有一角状突。翅、触角及第3对足的端部裸出。腹部末端有4条棘刺（图3-20）。

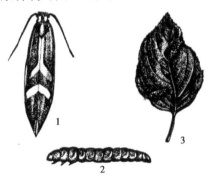

图 3-20 金纹细蛾
1—成虫；2—幼虫；3—被害状

3.生活史及习性

北方果区1年发生5~6代，以蛹在落叶虫斑内越冬。苹果发芽时，成虫开始羽化。成虫白天活动，在树冠附近飞舞。卵产在嫩叶背面，单产，每雌蛾产卵40~50粒。第1代卵多产在山定子根蘖及发芽展叶较早的品种上。以海棠、沙果、祝光最多，其次是元帅、金冠白龙。国光品种几乎无卵。幼虫孵化后从卵壳底部直接蛀入表皮下。幼虫老熟后在虫斑内化蛹。成虫羽化时蛹壳的一半外露。此虫在辽宁南部1年发生5代。各代成虫发生盛期为：越冬代成虫4月中旬；第1代6月上旬；第2代7月中旬；第3代8月中旬；第4代9月下旬；第5代幼虫于11月上中旬化蛹越冬。此虫春季发生少，为害轻；7月幼虫量最多，为害最重；8月以后幼虫数逐渐减少。

4.防治方法

①秋季果树落叶后，彻底清除落叶集中烧毁，消灭大量越冬蛹。

②诱杀。夏秋季利用桃小食心虫性外激素诱芯，大量诱杀金纹细蛾雄蛾。

③药剂防治。虫害发生严重的果园，在苹果树开花前喷布一次50%对硫磷乳油2 000倍液。以性诱剂诱蛾数量为依据，在6月上中旬成虫高峰期喷布：25%敌灭灵3 000～4 000倍液；25%灭幼脲3 000～4 000倍液、25%苏脲1号3 000～4 000倍液、青虫菌6号2 000倍液、40%水胺硫磷1 500～2 000倍液。一般结合防治其他害虫进行兼治，不必单喷药。

④保护和利用天敌。金纹细蛾的寄生蜂有30多种，其中以金纹细蛾跳小蜂Ageniaspis testaceipes（Patz）、金纹细蛾姬小蜂Sympiesis soriceicornis（Ness）金纹细蛾绒茧蜂Apantelessp.数量最多，各代总寄生率最低20.4%，最高51%。在多年不喷药果园，跳小蜂的寄生率可达90%以上。

四、任务评价

本任务评价表如表3-9所示。

表3-9 "苹果树病虫害防治"任务评价表

工作任务清单	完成情况
会正确识别苹果树腐烂病、苹果树轮纹病、苹果树炭疽病、苹果褐斑病等常见病害的症状	
会依据病害的侵染循环特点制订合理的防治方案	
会正确识别桃小食心虫、金纹细蛾、苹果蠹蛾等常见的苹果树害虫	
会依据害虫的生物学特性制订合理的防治方案	
会编制苹果树病虫害的防治工作历	

任务二 梨树病虫害防治

一、任务验收标准

①会正确识别梨黑星病、梨树腐烂病等常见病害的症状。

②会依据病害的侵染循环特点制订合理的防治方案。

③会正确识别梨小食心虫、梨木虱等常见梨树害虫。

④会依据害虫的生物学特性制订合理的防治方案。

⑤会编制梨树病虫害的防治工作历。

二、任务完成条件

梨黑星病、梨树腐烂病等常见的梨树病害的实物标本与病原菌玻片标本；梨小食心虫、梨木虱等的针插标本及被害状标本或生活史。

按组配备体视显微镜、生物显微镜、镊子、解剖针、尺子等。

三、任务实施

（一）梨黑星病

1.分布与为害

梨黑星病又称疮痂病，是梨树的一种主要病害，常造成生产的重大损失，我国梨产区均有发生，以辽宁、河北、山东、山西、河南及陕西等北方地区受害最重，近年来南方各省如江苏、安徽、浙江、云南、四川等梨区发病有逐渐加重的趋势。梨黑星病发病后，引起梨树早期大量落叶，幼果被害呈畸形，不能正常膨大，第二年结果减少，对产量影响甚大。

2.症状

为害叶、果、芽、花序、新梢等。叶受害，叶脉间生圆形或不规则淡色斑，背部沿脉出现黑霉，后期叶面出现黑色枯斑。中脉上常形成长条状黑色霉斑。叶柄也发病，易造成落叶。幼果发病，病斑凹陷、龟裂，果实畸形：成熟果发病，病斑较小，不凹陷、不龟裂，果实不畸形。果实上病斑木栓化，质硬，遍生黑霉。果梗发病生椭圆形凹陷霉斑。病芽茸毛较多，后生黑霉，重者鳞片开裂以致枯死。新梢病斑呈椭圆形，黑褐色，凹陷，生黑色黑霉。

3.病原

Venturia pirina Aderh属子囊菌亚门，无性时期为Fusicladium pyrirum（Lib.）Fuckel，属半知菌亚门。病斑上长出的黑霉是病菌的分生孢子梗和分生孢子。分生孢子梗暗褐色，散生或丛生，直立或稍弯曲。分生孢子着生于孢子梗的顶端或中部，脱落后留有瘤状痕迹。分生孢子淡褐色或橄榄色，纺锤形、椭圆形或卵圆形，单胞，大小为（8.0~2.4）$\mu m \times$（4.8~8.0）μm。有性时期形成子囊壳埋藏于落叶的叶肉组织中，成熟后有喙部突出表面，状如小黑点。子囊壳圆球形或扁圆球形，颈部较肥短，黑褐色，平均大小为118.6 $\mu m \times$ 87.1 μm。子囊棍棒状，聚生于子囊壳的底部，无色透明，大小为（371~61.8）$\mu m \times$（6.2~6.9）μm。每个子囊内有8个子囊孢子，子囊孢子淡黄绿色或淡黄褐色，状如鞋底，双胞，大小为（11.1~13.6）$\mu m \times$（3.7~50）μm（图3-21）。

图 3-21　梨黑星病

1—病叶；2—病果；3—病叶柄；4—分生孢子梗；
5—分生孢子；6—子囊壳；7—子囊和子囊孢子

4.发病规律

病菌以菌丝、分生孢子和未成熟的子囊壳在病芽、病梢和落叶上越冬。第二年春季一般在新梢基部最先发病，病梢是重要的侵染中心。病梢上产生的分生孢子通过风、雨传播到附近的叶、果上，当环境条件适宜时即可侵染。一般经历14～25 d的潜育期，干旱时可达40 d，表现出症状以后，病叶和病果上又能产生新的分生孢子，陆续造成再次侵染。如雨量少，气温较高，此病不致迅速蔓延，但如阴雨连绵，气温较低，则蔓延迅速。据陕西关中地区观察，梨黑星病自开花、展叶期开始直到果实采收为止均可为害植株地上部分的幼嫩部位，但以叶片和果实受害最重。4月中下旬病害首先在花序、新梢及叶簇上出现，其中花序一般不常见。花序上的病斑多发生在基部和花梗上，常引起病部以上组织的枯死和脱落。新梢受害也大多发生在基部。叶簇上的霍斑最初在簇生叶柄上的下部形成，以后逐渐沿叶柄向上延伸至叶片。叶片从5月中旬至8月都可发病；果实从幼果期至收获期也都能产生新病斑。病害流行时期则为6—7月。

由于我国各地气候条件不同，因此，梨黑星病在各地的发生时期也不一样。如辽宁、吉林等地，一般在5月中下旬开始发病，8月为盛发期；河北省在4月下旬至5月上旬开始发病，7—8月雨季为盛发期；浙江省一般在4月中下旬开始发病，梅雨季节为盛发期；云南、广西等地在3月下旬至4月上旬开始发病，6—7月为盛发期。

5.防治方法

①秋末冬初清扫落叶落果，开花前后及时摘除病芽、病梢、病花丛，以减少侵染来源。

②增施有机肥，以增强树势，提高抗病力，生长季节前期喷布0.5%尿素。

③喷药保护。一般在梨树谢花后，喷12.5%特普唑可湿性粉剂2 500倍液、40%福星乳油8 000～10 000倍液，可兼治梨锈病。

如果去年发病较重，应在梨的花序分离期增加一次喷药，以后每隔15～20 d喷施一遍杀菌剂，常用药剂有1∶2∶200倍波尔多液、70%甲基托布津可湿性粉剂700倍液、20%新万生可湿性粉剂800倍液、6%乐比耕可湿性粉剂1 500倍液等。

5月中旬至7月中旬，梨园中最好不要施波尔多液，因为很多品种对其非常敏感容易产生药量。

7—8月份梨黑星病发生严重时，应喷1～2遍40%福星乳油8 000～10 000倍液。使用福星时要注意，不能连续使用，不能与特普唑交替使用，可与甲基托布津、退菌特、波尔多液等交替使用，间隔期为10～15 d。到临近采收时，要使用残效期短、低残留、低毒的农药，如代森锰锌，不可使用波尔多液，以免影响果实外观。

（二）梨树腐烂病

1.分布与为害

梨树腐烂病又叫臭皮病，在东北、华北及华东梨区发生很普遍，尤其是西洋梨受害最重，发病后常引起整株死亡，中国梨受害较轻，这是因为中国梨树的树皮比较粗硬，因而较抗病。

2.症状

梨树腐烂病主要为害枝干。初期病部稍隆起，呈水渍状，为红褐色至黑褐色，组织松软，用手压之，病部凹陷并溢出红褐色汁液，有酒糟味，病斑椭圆形或不整形，组织解体易撕裂。病变仅限于皮层，形成层不易被害。遭受冻害的西洋梨上，病变可深达木质部，破坏形成层而导致枝干死亡。发病后期，病部干缩下陷，病部与健部交界发生龟裂，病部上长出许多黑色的小粒点，这就是病菌的子座和分生孢子器，空气潮湿时，从中涌出橘黄色的分生孢子角。病树生长不育，树势逐渐衰弱。

3.病原

有性阶段为Valsa ambiens（Pers）Fr，属子囊菌亚门核菌纲黑腐皮壳属的梨黑腐皮壳。无性阶段为半知菌亚门腔孢纲壳囊孢属的迁回壳囊孢（Cytospara ambiens Sacc.）。1个子座内含有1个分生孢子器，分生孢子器多室，不整形，具一孔口，分生孢子器内壁密生分生孢子梗，分生孢子无色单胞，香蕉形。大小为（4.5～4.9）μm×（1.0～12）μm。在辽宁南部地区及南方梨区发现了有性阶段，子座直径0.25～3 mm，内生子囊4～20个，子囊壳直径400 μm，子囊孢子4～8个，大小为（40～88）μm×（8～6）μm（图3-22）。

图 3-22　梨腐烂病的症状及病原菌
1—分生孢子器；2—分生孢子梗；
3—分生孢子；4—症状

4.发病规律

病菌以菌丝、分生孢子器和子囊壳在枝干病部越冬。春季发病最重，秋季较轻，夏季停滞。管理粗放，施肥不足，土壤有机质少导致树势衰弱易发病。幼树发病轻，七八年生以上的树发病重。枝干向阳面，树干分叉处发病较多。西洋梨发病较重，中国梨、砀山酥梨、黄梨、面梨等次之，京白梨、慈梨、鸭梨及日本梨等很少发病。花盖梨抗病力最强。

5.防治方法

梨树腐烂病的防治，以壮树防病为基础，保护伤口与铲除树体带菌为辅助，加之及时治疗感病品种与衰弱树上的腐烂病斑。

（1）加强果园管理

增施农家肥等有机肥，科学配合施用氮、磷、钾肥及中微量元素肥料，合理灌水，雨季注意排水，科学调整结果量，促使树体健壮，提高树体抗病能力。萌芽前及时刮除树干表面的粗皮、老翘皮等，清除病菌越冬场所。合理修剪，尽量减少伤口，促进伤口愈合；较大剪锯口及时涂药保护，防止病菌侵染，有效药剂有甲托油膏［70%甲基托布津可湿性粉剂：植物油＝1：（20～25）］、腐殖酸铜等。

（2）铲除树体带菌

及时剪除病枯枝、刮除粗翘皮等，可显著降低园内病菌数量。芽萌动初期喷施铲除性药剂，铲除树体残余病菌，常用有效药剂有30%戊唑·多菌灵悬浮剂400～600倍液、60%铜钙·多菌灵可湿性粉剂400～600倍液、77%硫酸铜钙可湿性粉剂300～400倍液、45%代森铵水剂200～300倍液等。

此外在腐烂病发生严重的果园或地区，还可增加生长期枝干涂药，即在7—9月使用铲除性药剂涂抹或定向喷洒主干、主枝，铲除病菌。药剂可选用30%戊唑·多菌灵悬浮剂100~200倍液、41%甲硫·戊唑醇悬浮剂100~200倍液、77%硫酸铜钙可湿性粉剂100~200倍液、3%甲基硫菌灵糊剂（只能涂抹）等。

（3）及时治疗病斑

较浅病斑或抗病品种上的病斑，可用划条涂药的方法进行治疗，即用刀在病斑上纵向划条，将皮层划透，刀距0.5 cm左右，然后表面涂刷渗透性较强的药剂，如甲托油膏、过氧乙酸水剂等。烂至木质部的病斑应进行刮治，把腐烂组织彻底刮除干净后涂药保护伤口，如甲托油膏、腐殖酸铜、过氧乙酸等。

（三）梨小食心虫

学名：*Grapholitha molesta* Basck；是卷蛾科、小食心虫属的一种昆虫。

1.分布与为害

在我国分布很普遍，从南方至北方均有发生，尤以华北、华中、华南果区发生较重。除为害苹果、梨外，对桃、李、杏、樱桃等为害也很严重，有时也为害沙果、山楂、山荆子、枣、海棠等蔷薇科果树，在桃、苹果、梨混栽的果园，发生更严重。

梨小食心虫在果树上以幼虫为害果实为主，部分也为害嫩梢、花穗、果穗。梨小食心虫在幼虫期的前期主要会对果树的树梢处的嫩叶产生为害，后期会为害果树的果实。在大多数的情况下，梨小食心虫在幼虫期进入果实中，然后蛀入果实的果心中，最后将其掏空。为害果实时，幼虫先从萼洼和梗洼处蛀入一个孔。幼虫进入蛀孔后，先在果肉浅层为害，将虫粪从蛀孔内排出；蛀孔外围堆积的粪便逐渐变黑、腐烂，形成一块较大的黑疤，俗称"黑膏药"；最后蛀入果心，在果核周围蛀食并排粪于其中，形成"豆沙馅"，果实易脱落，不耐贮藏。

2.形态特征

（1）成虫

成虫体长5.2~6.8 mm，体色灰褐色，无光泽。前翅密被灰白色鳞片，翅基部黑褐色，前缘有10组白色斜纹，在翅中室端部附近有一明显小白点，近外缘处有10余个黑色斑点，腹部灰褐色（图3-23）。

（2）卵

椭圆形，直径0.5 mm左右，两头稍平，中央凸起，乳白色。

（3）老熟幼

体长10~13 mm。初孵幼虫体白色，后变成淡红色。头部、前胸背板均为黄褐色。肛门处有臀栉，有齿4~6根。腹足趾钩单序环式，30~40根。臀足单序缺环，20余根。

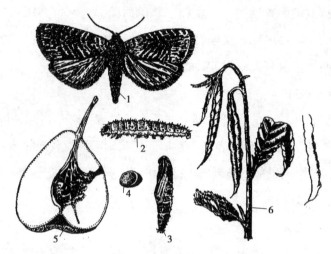

图 3-23　梨小食心虫

1—成虫；2—幼虫；3—蛹；4—卵；5—被害果；6—被害梨梢

（4）蛹

体色为黄褐色，长6~7 mm；腹部第三至第七节背面前后缘各具一行短刺，第八至第十节各具一行稍大的刺，腹部末端具钩状刺毛。

（5）茧

白色，长约10 mm，丝质，椭圆形，底面扁平。

3.生活习性

梨小食心虫成虫多在白天羽化，昼伏夜出，以晴暖天气上半夜活动较盛，有明显的趋光性和趋化性。越冬代成虫多产卵在叶背上，卵散产；多产卵在果面上，1果多卵，因此后期也常见1果多虫，近成熟的果实着卵量较大。幼虫孵化后，先在产卵附近啮食果皮，然后蛀果，蛀孔部位未见明显规律。高龄幼虫蛀入果核内为害，能多次转果为害。果内幼虫老熟后，脱果前先咬一脱果孔，排出少量粪便后便脱果，寻找适宜场所静止，继而吐丝作一椭圆形茧化蛹于其中。也有一部分幼虫直接在落果内作茧化蛹。成虫羽化时，常把茧带出土外或果外，蛹壳1/2露出茧外，这是该虫羽化时的一个特点。

4.防治方法

梨小食心虫世代重叠比较严重，防治梨小食心虫时需采用农业防治、物理防治、生物防治和化学防治等综合防治方法，才能达到防控效果。

（1）农业防治

梨小食心虫具有转移寄主为害的特性，尽量避免桃、李、杏与梨、苹果混栽。冬季时清扫果园落叶落果，刮除老翘皮，并集中深埋或烧毁，消灭越冬代幼虫。在幼虫发生初期，要及时剪除被害梢集中烧毁、及时摘除有虫果集中销毁。果实采收后要进行清园，消灭梨小食心虫虫源。

（2）物理防治

因成虫具趋光性、色觉效应和趋化性，在果园中挂设黑光灯、黄色粘虫板、诱捕器（诱芯为性信息素）或糖醋液加少量敌百虫，可诱杀成虫。脱果前，在树干上绑草堆诱集越冬幼虫，并在春季前集中处理。在果实膨大期，进行整穗套袋，防止梨小食心成虫在果上产卵。

（3）生物防治

梨小食心虫的天敌主要有赤眼蜂、白茧蜂、黑青金小蜂、寄生蜂、扁股小蜂、姬蜂和白僵菌等。在果园里释放赤眼蜂防治梨小食心虫，卵被寄生率可达40%～60%。在果园里喷白僵菌粉防治越冬幼虫，越冬幼虫被寄生率达20%～40%；特别是湿度大的果园，根茎土中越冬幼虫被寄生率高达80%以上。

（4）药剂防治

最好选择在晴天的傍晚或全天阴天时进行施药，用48%乐斯本乳油2 000倍、2.5%三氟氯氰菊酯2 000倍或5%锐劲特SC防治梨小食心虫效果明显。在卵期和幼虫脱果期，采用喷药20%氟虫双酰胺和20%灭幼脲，也能控制梨小食心虫的为害。

（四）梨木虱

学名：*Psylla pyrisuga* Forster；属同翅目木虱科。

1.分布与为害

梨木虱分布较广，国内梨产区均有分布，局部地区发生严重。此虫一般只为害梨树，以鸭梨、蜜梨、慈梨受害最重。以成虫和若虫春季多集中于新梢，夏秋多集中于叶背刺吸汁液，造成为害。叶片受害后，形成褐色枯斑，严重时整叶变成褐色，引起早期落叶。新梢受害后，常出现萎缩现象，造成发育不良。

2.形态特征

①成虫。体长约3 mm，翅展7～8 mm。分冬、夏两型。夏型体稍小，绿至黄色；冬型体稍大，深灰至黑褐色。

②若虫。体扁椭圆形，第1代初孵若虫淡黄色，其余各代初孵若虫乳白色。

③老熟若虫。绿色，末代老熟若虫褐色。

④卵。长椭圆形，乳白色或黄色，一端尖细，具柄，长径约0.3 mm（图3-24）。

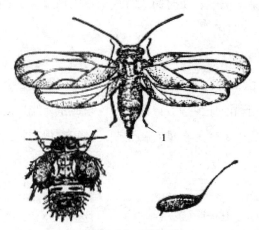

图 3-24　梨木虱
1—成虫；2—若虫；3—卵

3.生活史及习性

1年发生约4代，以成虫在树皮缝隙或落叶中越冬。在梨树花芽萌动前15 d大量出蛰，在梨小枝、芽两侧刺吸汁液为害，卵多产于短果枝、叶痕和芽缝等处，产卵延续到梨树开花期甚至开花后，初孵若虫多集中在花簇基部和未展开的嫩叶内为害。第1代成虫5月上旬羽化，卵多产在果台、嫩梢、新叶等处，以后各代成虫发生的大体时间分别为6月上旬、7月上旬和8月中旬。世代重叠严重，卵多产于叶面主脉、叶柄沟内和叶缘锯齿内。第4代成虫多为越冬型，但发生早的仍可产卵。

4.防治方法

①冬季和春季刮除粗老翘皮，清洁果园，消灭越冬成虫。

②1年中化学防治梨木虱有两个重要时期：一是梨木虱的冬型成虫大量出蛰时（即梨芽萌发期前15 d）。二是2代梨木虱低龄若虫时期（即麦收前）。

在梨树萌芽前半个月防治梨木虱的越冬成虫，喷药时间应在上午10：00至下午4：00，选择80%敌敌畏乳油800倍液、5%高效氯氰菊酯乳油1 500倍液、10%氯氰菊酯乳油1 500倍液进行树体喷雾，如果上一年梨木虱发生严重，5 d后应再喷药一次。

早春气候多变，要防止倒春寒，早春防治梨木虱省时、省事、效果好，如果得当，可控制全年为害。如果夏季仍有残留梨木虱为害，可在麦收前用上述药剂，防治2代梨木虱的低龄若虫。还可用1.8%阿维菌素乳油5 000倍液，10%吡虫啉可湿性粉剂5 000倍液，兼治梨蚜、黄粉蚜、红蜘蛛等。

四、任务评价

本任务评价表如表3-10所示。

表 3-10 梨树病虫害防治任务评价表

工作任务清单	完成情况
会正确识别梨黑星病、梨树腐烂病等常见病害的症状	
会依据病害的侵染循环特点制订合理的防治方案	
会正确识别梨小食心虫、梨木虱等常见梨树害虫	
会依据害虫的生物学特性制订合理的防治方案	
会编制梨树病虫害的防治工作历	

任务三 核果类病虫害防治

一、任务验收标准

①会正确识别桃缩叶病、杏疗病等核果类常见病害的症状。

②会依据病害的侵染循环特点制订合理的防治方案。

③会正确识别桃红颈天牛、桃蚜等核果类常见害虫。

④会依据害虫的生物学特性制订合理的防治方案。

⑤会编制核果类病虫害的防治工作历。

二、任务完成条件

桃缩叶病、杏疗病等核果类常见病害的实物标本与病原菌玻片标本；桃红颈天牛、桃蚜等的针插标本及被害状标本或生活史。

按组配备体视显微镜、生物显微镜、镊子、解剖针、尺子等。

三、任务实施

核果类果树主要包括桃、李、杏、梅、樱桃等，其特点是成熟期早，在初夏即可上市，各地都有栽培。这些水果除供鲜食外，还能制作罐头。杏仁还是重要的出口物资。

核果类病虫害种类繁多。就病害来说，桃树病害有50余种，李、杏等的病害也有几十种。其中有许多是共同的或大同小异，比较重要的有桃褐腐病、炭疽病、腐烂病、疮痂病、缩叶病、细菌性穿孔病、干枯病、流胶病、杏疗、李红点病等。大多在沿海及雨水较多地区发生严重。如在桃褐腐病的流行年份，浙江桃区病株率可达50%～70%。桃炭疽病在华中、华东地区严重发生。华北、辽宁在流行年份桃炭疽病也较重。已知疮痂病在辽宁、山东、浙江、江苏、成都平原地区发生普遍，对果实质量影响很大。桃缩叶病几乎遍布全国，华北、华东、沿海及滨湖地区受害重，春季干旱，夏季高温地区受害较轻。流胶病也是核果类果树的一种常发病。杏疔在华北、东北普遍发生，发病重时产量损失很大，是杏树的重要病害。李红点病各地均有分布，在东北产区为害较重。

核果类害虫种类也很多，有些种类常可兼害多种果树，发生普遍而严重的有食心虫类（桃蛀螟桃小、梨小）、蚜虫类（桃蚜、桃粉蚜、桃瘤蚜）等。蚧类对核果类的为害也相当普遍，种类也多。发生最普遍的是杏球坚蚧、东方盔蚧、桑白蚧等。蛀干的桃红颈天牛、吉丁虫等也是分布比较普遍的害虫，常能在生长衰弱的老果园，造成全株果树死亡。此外，李实蜂、李小食心虫、杏仁蜂、桃潜叶蛾等亦在各地零星发生，有些在个别地区还能造成严重损失。

（一）桃缩叶病

1.分布与为害

桃缩叶病在辽宁、吉林、河北、河南、山东、山西、四川、云南、湖南、江苏、浙江等地发生较重。桃树早期发病后，引起初夏的早期落叶，不仅影响当年的产量，而且还严重影响第二年的花芽形成。如连年严重落叶，则树势削弱，导致果树过早衰亡。四川成都1976年因该病流行，桃果减产近50%。

2.症状

桃缩叶病主要为害桃梢幼嫩部分，以侵害叶片为主，严重时也可为害花、嫩梢和幼果。春季嫩梢刚抽出时就显现卷曲状，颜色发红。随叶片逐渐展开，卷曲皱缩程度也随之加剧，叶片增厚变脆，并呈红褐色，严重时全株叶片变形，枝梢枯死。春末夏初花叶表面生出一层灰白色粉状物，即病菌的子囊层。最后病叶变褐，焦枯脱落。叶片脱落后，腋芽萌发抽出新梢，新叶不再受害。

枝梢受害后呈灰绿色或黄色，较正常的枝条节间短，而且略为粗肿，其上叶片常丛生。严重时整枝枯死。

花、果实受害后多半脱落，花瓣肥大变长，病果畸形，果面常龟裂。

3.病原

Taphrian deformans（Bork.）Tul.属子囊菌亚门。病菌有性阶段子囊和子囊孢子。子囊裸露无包被，排列成层，生于叶片角质层下。子囊圆筒形，上宽下窄，顶端平削，无

色，大小为（16.2～40.5）μm×（5.4～81）μm，子囊内含有4～8个子囊孢子。子囊孢子单胞，无色，椭圆形或圆形，直径为1.9～4.5 μm，子囊孢子还可以在子囊内或子囊外芽殖产生芽孢子，有薄壁和厚壁两种（图3-25）。

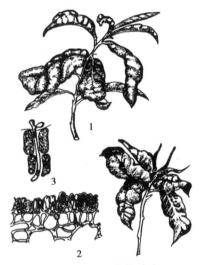

图 3-25 桃缩叶病
1—症状；2—病菌子囊；3—病菌子萌发侵入示意图

4.发病规律

病菌主要以厚壁芽孢子在桃芽鳞片上越冬，也可在枝干的树皮上越冬，到翌年春季，当桃芽萌发时，芽孢子即萌发，由芽管直接穿透表皮或由气孔侵入嫩叶（成熟组织不受侵害）。在幼叶展开前由叶背侵入，展叶后也可以从叶正面侵入。病菌侵入后，菌丝在表皮细胞下及栅栏组织细胞间蔓延，刺激中层细胞大量分裂，胞壁加厚，叶片生长不均而发生皱缩并变红。

初夏则形成子囊层产生子囊孢子和芽孢子。芽孢子在芽鳞或树皮上越夏，在条件适宜时，继续芽殖，但由于夏季温度高，不适宜孢子的萌发和侵染，即或偶有侵入，为害也不重，所以该菌一般没有再次侵染。

桃缩叶病的发生与早春的气候条件有密切关系。早春桃芽萌发时如气温低（10～16 ℃），持续时间长，湿度又大，桃树最易受害；温度在21 ℃以上，病害则停止发展。总之，凡是早春低温、多雨的地区，桃缩叶病往往较重；早春干旱则发病较轻。

病害一般在4月上旬开始发生，4月中下旬至5月上旬为发病盛期，6月气温升高，发病渐趋停止。品种间以早熟品种发病较重。

5.防治方法

①在病叶初见而尚未形成灰色粉状物之前及时摘除病叶，集中烧毁，减少病菌侵染来源。

②发病较重的果园，及时增施肥料，加强果园管理，促使树势恢复。

③桃花芽刚露但尚未完全展开时喷2~3°Bé的石硫合剂或1：1：100的波尔多液。桃树发芽后，一般不需喷药，但病害常发园如遇冷凉多雨天气可再喷1~2次药，可选用25%多菌灵可湿性粉剂300倍液或80%敌菌丹可湿性粉剂1 200倍液。

（二）杏疔病

1.分布与为害

杏疔病又称红肿病、叶枯病，为北方产区重要病害，发病严重时造成损失很大。

2.症状

其主要为害新梢、叶片和果实。新梢受害，全梢的枝叶都发病。病梢生长缓慢，节间短而粗，故其上部叶片呈簇生状，表皮初为暗红色，后变黄绿色，其上生有黄褐色突起的小粒点。叶片受害，先从叶柄开始发黄，沿叶脉间叶片扩展，最后全叶变黄色至黄褐色，质硬呈革质，比正常叶片增厚4~5倍病叶正反面布满褐色小粒点。6—7月病叶变为赤黄色，向下卷曲，遇雨或潮湿时，从粒点中涌出大量橘红色黏液。病叶后期逐渐干枯，变为黑褐色，质脆易碎，畸形，叶面散生小黑点。病叶挂在枝上不易脱落。果实受害，生长停滞，果面有淡黄色病斑，产生红褐色小粒点，后期干缩脱落或不脱落。

3.病原

Polystigma deformans Syd.属子囊菌亚门。无性阶段性孢子器椭圆形或圆形，有时也有不规则形，器壁无色至淡黄，不明显，与周围菌丝无明显区别。性孢子无色，线状，单胞，弯曲，大小为（18.6~44.5）pm×（0.6~1.1）μm。它不能萌发，无侵染作用。

子囊壳近球形，壳壁无色至淡红色，有凸出的孔口，大小为（252~315）μm×（239.4~327.6）μm；子囊棒状，大小为（80~108）μm×（12~17）μm，内生8个子囊孢子，无色、单胞、椭圆形，大小为（10~16.5）μm×（4~6）μm（图3-26）。

4.发病规律

病菌以子囊壳在病叶内越冬，病叶不易脱落，挂在树上的病叶是病菌主要的初次侵染来源。翌年春季，子囊孢子萌发，借风雨传播侵染。5月出现症状，到10月病叶变黑。杏的品种间抗病有显著差异，叶片大型的品种易感病，叶片小型的品种很少发病。感病重的品种病梢率可达20%以上。

图 3-26　杏疔病

1—症状；2—性孢子器及性孢子；

3—子囊壳、子囊及子囊孢子

5.防治方法

①结合冬剪清除病梢并清除枯枝落叶，集中烧毁；翌年春季症状出现后及时清除病梢。杏疔病病梢十分醒目，容易清除，若连续3年加以清除，杜绝病菌的侵染来源，即可完全控制此病的发生。

②杏树展叶时喷布1∶2∶200的波尔多液或25%多菌灵可湿性粉剂500倍液。

（三）桃红颈天牛

学名：*Aromia bungii* Fald.；俗名红脖子老牛、铁炮虫、钻木虫，属鞘翅目天牛科。

1.分布与为害

此虫在我国普遍发生，主要为害桃、杏、李、梅、樱桃等核果类果树，还为害苹果树等。

以幼虫在寄主树干基部附近的皮下蛀害形成层和木质部。受害轻时，生长衰弱，春季发芽晚，造成减产；受害重时，常引起整株死亡。

2.形态特征

①成虫。体长30 mm左右，体黑色并有淡蓝色光泽，大部分个体前胸背板橘红色，表面具两排丘状突起，两侧缘突刺显著。

②卵。长椭圆形，长6~7 mm，乳白色。

③幼虫。老熟时体长40~50 mm，乳白略带黄色，头部前缘棕褐色，额中央"Y"形脱裂线明显，前胸背板扁平方形。

④蛹。体长约30 mm，淡黄白色，前胸两侧和中央各具1个突起（图3-27）。

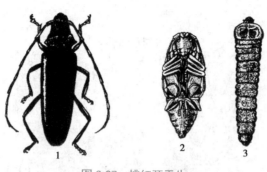

图 3-27　桃红颈天牛
1—成虫；　2—蛹；　3—幼虫

3.生活史及习性

华北地区2年发生1代，以幼虫在树干蛀道内越冬。翌年早春开始活动为害，在皮层和木质部间钻蛀不规则的隧道，并向蛀孔外排出褐色虫粪和碎屑，堆于树干基部地面，以5—6月为害最烈，严重时树干蛀空而枯死。部分幼虫在6月下旬老熟化蛹，并始见成虫。成虫7月上旬开始产卵，卵多产在主干和主枝基部的树皮缝内。7月中旬出现当年孵化的幼虫。幼虫孵化后，先在树皮下蛀食，蛀道随虫体长大也逐渐扩大和加深。

4.防治方法

①于6—7月成虫发生期，利用午间成虫静息枝条的习性，振落捕捉。

②成虫发生前，在树干和主枝涂白涂剂（生石灰10份、硫黄1份、食盐0.2份、水40份），防止成虫产卵。

③经常检查枝干，发现虫粪时，用细铁丝钩杀蛀孔内幼虫。

④发现新鲜虫粪时，将磷化铝片剂塞入蛀孔，然后用黏泥封闭，薰杀幼虫。

（四）桃蚜

学名：*Myzus persicae* Sulzer；又称烟蚜，属同翅目蚜科。

1.分布与为害

在我国各桃区普遍发生，为害严重。越冬及早春寄主以桃为主，其他有李、杏、樱桃、梨等；夏、秋寄主有烟草、大豆、瓜类、番茄、白菜、甘蓝等，是为害桃、李、杏的主要蚜虫种类。

以成若蚜集中在嫩梢和叶背刺吸汁液，被害叶背面作不规则的卷曲。

2.形态特征

（1）无翅胎生雌蚜

体长1.5～2 mm，绿色、黄绿色、淡黄色或红色，额瘤内倾显著；复眼红色或黑色；触角第2节以上、足跗节和腹部末端灰黑色；腹管圆筒状，末端略膨大，灰黑色；尾片末端纯圆。

（2）有翅胎生雌蚜

体长1.8～2.1 mm，头、胸部黑色；触角第3节有10～15个排列成1行的圆形感觉孔；翅较长大，腹部略瘦长；其余特征同无翅蚜（图3-28）。

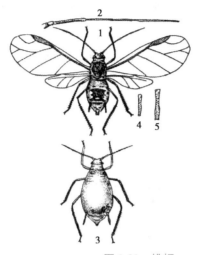

图 3-28 桃蚜

1—有翅胎生雌蚜；2—有翅雌蚜触角；

3—无翅胎生雌蚜；4—有翅雌蚜腹管；5—无翅雌蚜腹管

3.生活史及习性

华北地区1年发生约20代，以卵在桃树等腋芽或以无翅胎生雌蚜在窖贮菠菜及十字花科蔬菜上越冬。越冬卵于翌年上旬开始孵化，先群集于桃、李、杏等早春寄主的芽上为害，后转害花和叶片，以4月底和5月间繁殖为害最盛，并不断产生有翅蚜扩散为害。5月下旬迁至夏季寄主烟草、十字花科蔬菜上繁殖为害。10月至11月间迁回桃树等越冬寄主，产生性蚜交尾产卵越冬。

4.防治方法

①清除虫源植物。播种前清洁育苗场地，拔掉杂草和各种残株；定植前尽早铲除田园周围的杂草，连同田间的残株落叶一并焚烧。

②加强田间管理，创湿润而不利于蚜虫滋生的田间小气候。

③黄板诱蚜。在甜椒地周围设置黄色板。即把涂满橙黄色66 cm的塑料薄膜，从66 cm、33 cm宽的长方形框的上方使涂黄面朝内包住夹紧。插在甜椒地周围，高出地面0.5 m，隔3～5 m远一块，再在没涂色的外面涂以机油。这样可以大量诱杀有翅蚜。

④银膜避蚜。蚜虫是黄瓜花叶病毒的主要传播媒介，用银灰色地膜覆盖畦面。

⑤间作玉米。在1 m宽畦的两行甜椒之间，按2 m株距于甜椒定植前6～7 d点播玉米，使玉米尽快高于甜椒，起到适当遮阴、降温和防止蚜虫传毒的作用。

⑥药剂防治是目前防治蚜虫最有效的措施。实践证明，只要控制住蚜虫，就能有效地

预防病毒病。因此，要尽量把有翅蚜消灭在往甜椒上迁飞之前，或消灭在甜椒地里无翅蚜的点片阶段。喷药时要侧重叶片背面。喷洒90%乙酰甲胺磷可溶粒剂（诺德仕）1 500～2 000倍或者沟施。其他可使用药剂如，1 500倍的80%敌敌畏乳油水液，或喷1 000倍的40%乐果乳油水液，或喷1 500倍的50%马拉硫磷乳油水液，或喷1 000倍的50%二嗪磷乳油水液，或喷1 500倍的50%辛硫磷乳油水液，或喷1 000倍的50%杀螟硫磷乳油水液，或喷1 000倍的40%乙酰甲胺磷乳油水液，或喷3 000倍的2.5%溴氰菊酯乳油水液，或喷4 000倍的20%杀灭菊酯乳油，或喷5 000倍的10%二氰苯醚酯乳油，或喷4 000倍的10%氯氰菊酯乳油等。

四、任务评价

本任务评价表如表3-11所示。

表3-11 "核果类病虫害防治"任务评价表

工作任务清单	完成情况
会正确识别桃缩叶病、杏疗病等核果类常见病害的症状	
会依据病害的侵染循环特点制订合理的防治方案	
会正确识别桃红颈天牛、桃蚜等核果类常见害虫	
会依据害虫的生物学特性制订合理的防治方案	
会编制核果类病虫害的防治工作历	

任务四 葡萄病虫害防治

一、任务验收标准

①会正确识别葡萄白腐病、葡萄霜霉病等葡萄常见病害的症状。

②会依据病害的侵染循环特点制订合理的防治方案。

③会正确识别葡萄十星叶甲、斑衣蜡蝉等葡萄常见害虫。

④会依据害虫的生物学特性制订合理的防治方案。

⑤会编制葡萄病虫害的防治工作历。

二、任务完成条件

葡萄白腐病、葡萄霜霉病等葡萄常见病害的实物标本与病原菌玻片标本；葡萄十星叶甲、斑衣蜡蝉等的针插标本及被害状标本或生活史。

按组配备体视显微镜、生物显微镜、镊子、解剖针、尺子等。

三、任务实施

葡萄为浆果类果树。一般多在城市近郊栽培，除供鲜食外，还是酿酒的重要原料。此外，还能加工成葡萄干。

已知我国葡萄病害有30余种，其中为害严重或较重的有近10种。为害果实的主要病害是葡萄黑痘病、白腐病和炭疽病。葡萄黑痘病分布较广，常在多雨地区造成大量流行，损失很大。葡萄白腐病在华东、华北、江淮产区发生也很普遍。炭疽病在黄河中、下游葡萄成熟期为害甚烈。

在葡萄虫害中，发生比较普遍的有葡萄透翅蛾、二点叶蝉、葡萄虎蛾、十星叶甲等，给葡萄生产造成了一定损失。葡萄虎天牛、红蜘蛛、卷叶象甲等在局部地区零星发生。葡萄根瘤蚜是一种毁灭性害虫，它也是重要的检疫对象之一，必须引起重视。

目前，在大棚栽培中，以葡萄灰霉病为害较重。

（一）葡萄白腐病

1.分布与为害

葡萄白腐病是葡萄的重要病害之一，在葡萄产区普遍发生。一般年份发病率为10%~20%，在多雨年份发生严重，病穗率可高达40%以上，产量损失极大。

2.症状

葡萄白腐病主要为害果穗，也可为害叶片及新梢。果穗发病，首先在穗轴、小穗轴或果梗上发病。初生水渍状，不规则形的浅褐色病斑。病斑不断扩大，逐渐向果粒蔓延，常使整个果穗或部分小穗腐烂脱落。果粒发病先自基部产生淡褐色水渍状病斑，很快全粒变褐腐烂，随后在果面产生初为灰白色后为灰黑色小粒点，这是病菌的分生孢子器。天气潮湿时，自分生孢子器中溢出灰褐色的分生孢子团。病果失水后变成深褐色僵果。

新蔓发病多发生在损伤部位。病斑初呈水渍状淡红褐色，边缘深褐色，逐渐扩展为长梭形暗褐色的病斑，稍凹陷，表面密生黑色小粒点。后期病部皮层纵裂，或与木质部分离，亚重时呈乱麻丝状。当病斑环切枝蔓后，使上部枝蔓枯死。

叶片上病斑多于叶尖，叶缘发病形成近圆形淡褐色至红褐色病斑，向叶片中部扩展后形成具有环纹的不规则形大斑，其上散生不太明显的灰白色小粒点，发病后期，病组织干枯，易破裂，重者病叶干枯。

3.病原

葡萄白腐病*Coniothyrim diplodiella*（Speg.）Sacc.属半知菌亚门的白腐盾壳霉。分生孢子器球形或扁球形，壁较厚，暗褐色，具孔口，大小为（118~164）μm×（91~146）μm。分生孢子器单胞，卵圆形至梨形，初无色，后为褐色，内含1~2个油球，大小为（8.9~

13.2）μm×（6.0~6.8）μm。

4.发病规律

病菌主要以分生孢子器、菌丝体随病残组织在土中越冬，也能在枝蔓病组织上越冬。病菌在5 cm深的土壤表层最多，可在土中病残组织内存活4~5年，直接在土中也能存活1~2年。翌年春季，环境条件适宜时产生分生孢子。分生孢子靠雨水溅散传播，经伤口侵入，进行初次侵染。病害的潜育期一般3~5 d。在葡萄生长期间可发生多次重复侵染，易造成病害流行。辽宁地区7月上、中旬发病，8月盛夏雨季为发病盛期，直至采收结束。随着果实成熟度的增加，发病率逐渐提高。

分生孢子萌发的最适气温为28~30 ℃，要求95%以上的相对湿度。高温、高湿的气候条件是病害发生和流行的主要因素。因而多雨年份发病重，干旱年份发病轻。发病早晚，流行期长短取决于雨季到来的早晚和持续期的长短。据多年观察，果园发病后，每降一次大雨或连续降雨后的1周左右，就出现一次发病高峰。特别是在遭受暴风雨或雹害以后，葡萄植株造成大量伤口，最易发病。

果园土壤黏重、排水不良、肥料不足、杂草丛生、通风透光不良等，都有利于病害发生。果穗距地面越近发病越重，距地面60 cm以上者发病较少。

5.防治方法

（1）农业防治

①选择抗病品种。在病害经常流行的田块，尽可能避免种植感病品种，尽量选择抗性好、品质好、商品率高的高抗和中抗品种。

②及时清除菌源。生长季及时剪除病果、病叶和病蔓，落叶后结合冬剪彻底清除病穗、病枝、病叶、病粒，带出园外集中处理，减少当年再侵染菌源。

③加强栽培管理。科学施肥灌水、防治病虫、合理负载，增强树体抗病能力。通过摘心、抹芽、绑蔓、摘副梢、中耕除草、雨季排水、适时套袋等经常性田间管理工作降低果园湿度，保持葡萄园通风透光。科学疏花疏果。

（2）化学防治

对重病果园，发病前将50%福美双粉剂、硫黄粉、碳酸钙混匀后撒在葡萄园地面上，每亩撒1~2 kg，或用200倍液五氯酚钠、退菌特喷洒地面。

开花前后，喷波尔多液、科博类保护剂预防病害。

从病害始发期（一般在6月中旬）开始，每隔7~10 d喷1次药，连喷3~5次，直至采果前15~20 d。喷药须仔细周到，重点保护果穗。喷药后若遇雨，应于雨后及时补喷。

可选择药剂有43%戊唑醇（好力克）悬浮剂2 500～3 000倍液、80%代森锰锌可湿性粉剂600～800倍液、70%甲基硫菌灵可湿性粉剂1 000倍液、50%退菌特可湿性粉剂800～1 000倍液、50%福美双可湿性粉剂500～600倍液、50%异菌脲（扑海因）可湿性粉剂1 000～1 500倍液等。注意，不套袋葡萄尽量不要使用代森锰锌、多菌灵、福双美、退菌特等药剂，以免污染果面或对幼果造成药害。

（二）葡萄霜霉病

1.分布与为害

葡萄霜霉病在我国各葡萄产区均有发生，是葡萄的主要病害之一。葡萄幼苗感病后，叶片枯焦，新梢生长停滞，枝条不能成熟。成株发病引起早期落叶，削弱树势，影响当年和来年的葡萄产量。

2.症状

主要为害叶片，也能为害新梢、卷须、叶柄、幼花序、果柄和幼果。叶片受害，在叶面上产生边缘不清晰的水渍状淡黄色小斑，随后渐变淡绿至黄褐色多角形病斑，病斑常互相愈合成不规则形斑块。天气潮湿时，于病斑背面产生白色霉状物，即病菌的孢囊梗和孢子囊。发病严重时，病叶枯焦、早期脱落。

嫩梢受害，初生水渍状、略凹陷的褐色病斑，天气潮湿，病斑上产生稀疏的霜霉状物，后期病组织干缩、新梢生长停滞、扭曲枯死。卷须、叶柄、幼花序有时也能被害，其症状与新梢类似，于病部产生霜霉。如早期侵染，则最后变褐、干枯及脱落。

幼果受害，病部褐色、变硬下陷，上生白色霜状霉层、易脱落。半大果粒受害，病部褐色至暗褐色，软腐，但在果粒表面很少产生霜霉，萎蔫后脱落。果实着色后不再被侵染。

3.病原

病菌*Plasmopara viticola*（Bert.et Curt）BerletdeToni.属鞭毛菌亚门葡萄单轴霜霉，是一种专性寄生菌。无性阶段产生孢子囊，孢子囊无色，卵形或椭圆形，顶端有乳头状突起，大小为（12.6～25.2）μm×（11.2～16.8）μm，着生在单轴直角分枝的孢囊梗上。孢子囊萌发产生6～8个侧生双鞭毛的游动孢子，肾脏形，大小为（7.5～9）μm×（6～7）μm。秋季发生有性繁殖，在病组织中产生卵孢子。卵孢子球形，褐色，壁厚，直径（30～50）μm（图3-29）。

4.发病规律

病菌主要以卵孢子在病组织中或随病叶残留于土壤中越冬。翌年，在适宜的环境条件下卵孢子萌发产生孢囊，再由孢囊产生游动孢子，借风雨传播，自叶背气孔侵入，进行

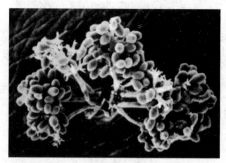

图 3-29　葡萄霜霉病病原菌

初次侵染。经过7~12 d的潜育期，在病部产生孢囊梗及孢子囊，孢子囊萌发产生游动孢子，再次侵染，重复侵染使病情不断加重。葡萄霜霉病一般于7月开始发生，7月中、下旬发病渐多，8—9月为发病盛期。但在5—6月低温、多雨的气候条件下，于6月中旬就开始发病，7月中、下旬果实即已大量被害，病重果园几乎毁产。

孢子囊游动孢子的萌发和侵入，必须在水滴中进行。游动孢子萌发温度为12~30 ℃，最适气温为18~24 ℃。因此，凡能提高土壤、空气和寄主植物湿度的因子均有利于发病。秋季低温、多雨、多露易引起病害流行。果园地势低洼、架面通风不良有利于病害发生。葡萄品种中，欧美杂交种抗病性较强，欧亚种次之，东亚种山葡萄最易感病。贝达葡萄抗病最强，贝达葡萄与欧亚种或欧美杂交种杂交，其后代抗病力均强。

5.防治方法

（1）农业防治

搞好田间卫生：清除病残体，减少病菌来源。生长季节或休眠季节将枯枝、落叶、病枝条、病果进行清理，集中深埋或烧毁。

降低果园湿度：雨季排水，使架面通风透光，改进灌溉设施，及时中耕除草，最好实行避雨栽培。

（2）药剂防治

保护性杀菌剂发现叶片有水存在，并且没有出现任何症状（病害发生之前），及时采用保护剂进行防护，可以起到事半功倍的作用，为全年的病害防治争取主动。常用药剂有（1:0.5）~（1:200）波尔多液、78%科博600~800倍液、80%必备600~800倍液、80%喷克800倍液等。以上药剂每隔10~15 d喷施一次，可有效预防病害的发生。

如果发现叶片或果实出现霜霉病的症状，应使用内吸性杀菌剂。生产中效果优异的药剂有50%金科克（烯酰吗啉）粉剂3 000~4 000倍液、80%霜脲氰水分散粒剂施用2 500倍液、25%精甲霜灵2 500倍液（病重时用2 000倍液）、80%疫霜灵600倍液、25%阿米西达1 500~2 000倍液。以上药剂间隔期控制在7 d左右。应关注天气预报，注意轮换用药。

葡萄花期发病的应急处理方案：如果花期阴雨，葡萄开花前后花序极容易发生霜霉病，此时如果防治不当，会给全年带来很大的损失。可以用50%金科克1 500倍液（或50%金科克3 000倍液+50%保倍3 000倍液）集中喷果穗部位，接着全园喷42%喷富露600倍液+50%金科克3 000倍液或50%保倍福美双1 500倍液+50%金科克3 000倍液。3～5 d后病情基本得到控制，然后进入正常管理。

喷药技巧：在田间调查发现，有些果园喷药频繁，且使用的药剂均为高效药剂，但是依然有霜霉病的发生，通过追踪发现，喷药方法不当是病害发生的主要原因。因此，需要掌握喷药技巧，提高防治效果。①要保证喷雾良好。有些果园喷药后叶片上附着的不是雾状药液，而是较大的水滴，致使药液不能均匀附着在叶片上。②喷药要均匀周到，叶片背面要均匀着药。霜霉病是从叶片背面气孔侵入，因此喷药时要保证叶背附着药液。

（三）葡萄十星叶甲

学名：*Oidesdecempunctatus* Billberg；又名葡萄花虫、十星瓢萤叶甲、十星圆大叶虫，属鞘翅目叶甲科。

1.分布与为害

葡萄十星叶甲分布于辽宁、河北、山西、山东、陕西等地。葡萄十星叶甲发生严重的葡萄园有时能将叶片全部吃光，受害轻者将叶片咬成许多孔洞。除为害栽培葡萄外，尚能为害野葡萄、柚等。

2.形态特征

（1）成虫

体长20 mm，宽8 mm，体黄色，椭圆形，体形与瓢虫相似，每鞘翅各有圆形黑斑5个，两翅共10个，故而得名。

（2）卵

椭圆形，长约1 mm，初为草绿色，以后变为褐色和黄褐色。

（3）幼虫

体近梭形，略扁平，黄色，长8 mm。胸背面有两行褐色突起，每行4个；蛹长约12 mm，金黄色（图3-30）。

3.生活史及习性

此虫每年发生1代，以卵在根际土壤中越冬。来年5月下旬孵化，群集近地面幼芽、嫩叶啃食表皮，仅留一层薄的丛毛及叶脉，呈罗网状。幼虫白天静伏，早晚活动。至6月底入土化蛹，蛹期9～10 d。7月成虫开始出现，有假死性，一经触动，即分泌黄色恶臭黏液。白天取食，寿命很长，一直为害到9月产卵于根际土中过冬。每只雌虫可产卵

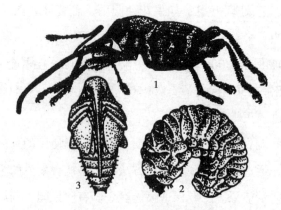

图 3-30　葡萄十星叶甲
1—成虫；2—卵块；3—幼虫

700～1 000粒。

4.无公害防治

（1）农业防治

①5月初孵幼虫上树为害时，利用其集中为害的习性，可摘除受害的葡萄叶片，并将其用开水烫死。

②6月在其化蛹盛期，利用中耕松土、施肥的机会，进行园土翻整，铲除虫蛹，

③秋季果实采收后，多施有机肥，增强植株抗病虫害的能力，避免施用过多的氮肥，要以磷、钾肥为主。每亩施3 000～5 000 kg有机肥，采用沟施法。

④11月前后清理枯枝烂叶时，要仔细清理、铲除植株附近和葡萄园附近的杂草、灌木、残枝败叶，并集中烧毁，消灭越冬的虫卵和部分成虫。

（2）物理防治

①利用成虫和幼虫有假死的习性，在清晨或傍晚将薄膜、帆布或容器布置在植株下方，振动葡萄枝干，使成虫和幼虫落下，收集并集中处死。

②庭院种植的葡萄当有少许幼虫开始为害时，可戴上口罩，用镊子捕捉后处死。

（3）生物防治

保护和利用好害中天敌。葡萄十星叶甲的天敌有捕食性和寄生性两大类；捕食性天敌有草蛉类、瓢虫类、蜘蛛类、螳螂类等，可捕杀各个虫态的害虫；寄生性天敌主要包括各种寄生蜂类等，可寄生于害虫的体内或体外。

（4）化学防治

葡萄十星叶甲为害不严重时，一般不提倡使用化学药剂，以避免农药残留对人体的伤害。在大面积严重为害时，可用低毒农药50%辛硫磷乳油1 000～1 500倍液喷施。

使用农药时一定要注意以下几点：①选用高效、低毒、低残留的农药种类。②要根据天敌发生的时期和特点，合理选择农药种类、使用时间和使用方法，避开害虫天敌的敏感期用药，保护利用自然天敌，避免杀死害虫、污染环境。③不同作用机理的农药要交替使用或合理混用，每种农药不可多次使用。④为了安全起见，应在果实采收前40 d左右喷药。

（四）斑衣蜡蝉

学名：*Lycorma delicatula* White；属同翅目蜡蝉科。

1.寄主与为害

斑衣蜡蝉寄主植物有10余种，主要为害葡萄、梨、杏、桃等果树和臭椿、苦楝等树木。以成虫和若虫刺吸嫩叶、枝干汁液，其排泄物洒于枝叶和果实上，常引起煤污病发生，影响光合作用，降低果品质量。嫩叶受害常造成穿孔，严重时叶片破裂。

2.形态特征

①成虫。体长15～20 mm，翅展约50 mm，复眼黑色，向两侧外突。触角短小，红色。前翅革质，基半部淡褐色，有黑斑20余个，端部黑色。后翅基部红色，中部白色端部黑色；体翅常被白色蜡粉。

②若虫。初孵为白色，不久即变为黑色，体背有许多小白斑；足长、头尖，停立如鸡。4龄时体背呈红色，翅芽显露。

③卵。圆柱形，长3 mm，常整齐排列成块，上覆灰色覆盖物（图3-31）。

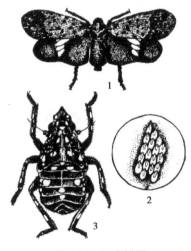

图 3-31 斑衣蜡蝉
1—成虫；2—卵；3—若虫

3.生活史及习性

1年发生1代，以卵越冬。华北地区越冬一般于5月中旬开始孵化，若虫多群集于寄主幼茎或嫩叶背面为害，受惊扰时即跳跃逃避。若虫脱皮4次，共5龄，若虫期约60 d成虫6月下旬始见，8月中下旬交尾产卵，卵块多产在葡萄架蔓的腹面或枝杈阴面。成虫寿命较长，可达4个月，10月下旬逐渐死亡。成虫和若虫都具有群集习性。

4.防治方法

（1）农业防治

①建园时，不与臭椿和苦楝等寄主植物邻作，降低虫源密度减轻为害。

②结合疏花疏果和采果后至萌芽前的修剪，剪除枯枝、丛枝、密枝、不定芽和虫枝，集中烧毁，增加树冠通风透光，降低果园湿度，减少虫源。结合冬剪刮除卵块，集中烧毁或深埋。

③斑衣蜡蝉以臭椿为原寄主，在为害严重的椿林内，应改种其他树种或营造混交林。

（2）药剂防治

在低龄若虫和成虫为害期，交替选用30%氰戊·马拉松（7.5%氰戊菊酯加22.5%马拉硫磷）乳油2 000倍液、50%敌敌畏乳油1 000倍液、2.5%氯氟氰菊酯乳油2 000倍液、90%晶体敌百虫1 000倍混加0.1% 洗衣粉、10%氯氰菊酯乳油2 000～2 500 倍液、50%杀虫单可湿性粉剂600倍液喷雾。

（3）人工防治

若虫和成虫发生期，用捕虫网进行捕杀。

（4）天敌防治

保护和利用寄生性天敌和捕食性天敌，以控制斑衣蜡蝉，如寄生蜂等。

四、任务评价

本任务评价表如表3-12所示。

表 3-12　葡萄病虫害防治任务评价表

工作任务清单	完成情况
会正确识别葡萄白腐病、葡萄霜霉病等葡萄常见病害的症状	
会依据病害的侵染循环特点制订合理的防治方案	
会正确识别葡萄十星叶甲、斑衣蜡蝉等葡萄常见害虫	
会依据害虫的生物学特性制订合理的防治方案	
会编制葡萄病虫害的防治工作历	

工作领域三　其他经济林病虫害防治

◎技能目标

1.会正确识别经济林害虫的常见种类。

2.会依据害虫的生物学特性制订合理的防治方案。

3.会正确识别经济林病害的常见种类。

4.会依据病害的侵染循环特点制订合理的防治方案。

5.会编制经济林病虫害的防治工作历。

任务一　银杏病虫害防治

一、任务验收标准

①会正确识别银杏干枯病、银杏早期黄化病等常见病害的症状。

②会依据病害的侵染循环特点制订合理的防治方案。

③会正确识别银杏大蚕蛾等常见的银杏害虫。

④会依据害虫的生物学特性制订合理的防治方案。

二、任务完成条件

银杏干枯病、银杏早期黄化病等常见的银杏病害的实物标本与病原菌玻片标本；银杏大蚕蛾等的针插标本及被害状标本或生活史。

按组配备体视显微镜、生物显微镜、镊子、解剖针、尺子等。

三、任务实施

（一）银杏干枯病

银杏干枯病，又称银杏胴枯病，全国各主要银杏产区均有分布，常见于生长衰弱的银杏树。

1.症状

病菌侵入后，在光滑的树皮上产生光滑的病斑，呈圆形或不规则形。以后病斑继续扩大，患病部位渐见肿大，树皮出现纵向开裂。春季，在受害树皮上可见许多枯黄色的庞状子囊孢子座，直径1～3 mm。天气潮湿时，从子囊孢子座内会挤出一条条淡黄色至黄色卷须状分生孢子角。秋季，子座变枯红色到酱红色，中间逐渐形成子囊壳。病树皮层和木质部间，可见羽毛状扇形菌丝体层，初为污白色，后为黄褐色。感病枝干的病斑蔓延，逐步使树皮成环状坏死，最后导致枝条和植株死亡。

2.病原

病原为子囊菌纲、球壳菌目真菌。该病菌亦能侵染板栗等林木。

3.发病规律

病原菌由伤口侵入，弱寄生性。病菌以菌丝体及分生孢子器在病枝中越冬。待温度回升，便开始活动。长江流域及长江以南，3月底至4月初开始出现症状，并随气温的升高而加速扩展，直到10月下旬停止。分生孢子借助雨水、昆虫、鸟类传播，并能多次反复侵染。

4.防治方法

①加强管理，增强树势，提高植株抗性。这是防治银杏干枯病的关键措施。

②重病株和患病死亡的枝条，应及时清理销毁，彻底清除病原。

③及时刮除病斑，并用1∶1∶100波尔多液或50%多菌灵可湿性粉剂100倍液或0.1的升汞水、1%硫酸亚铁溶液、石灰涂白剂涂刷伤口，以杀灭病菌并防止病菌扩散。

（二）银杏早期黄化病

1.症状

初期叶面顶端边缘开始失绿呈浅黄色，有光亮。以后逐步向叶基扩展，严重时半张叶片黄化，颜色逐步转为褐色、灰色，呈枯死状。

2.病原

由缺锌引起的一种生理病害。

3.防治方法

3月下旬到4月上旬，对银杏病株施用锌肥。幼树每株施80~100 g硫酸锌，大树每株施1 000~1 500 g硫酸锌。

（三）银杏大蚕蛾

银杏大蚕蛾又名白毛虫，属鳞翅目、大蚕蛾科。

1.寄主

寄主主要有银杏、核桃、漆树等，以幼虫取食叶片。由于幼虫食叶量大，大发生时可将整株银杏叶片全部吃光。

2.形态特性

①成虫。雄蛾体深褐色，翅展约125 mm，体长约35 mm，触角羽毛状。雌蛾体红褐

色，翅展约135 mm，体长约40 mm，触角梢齿状。触角颜色同体色。前翅外缘略向里凹，近顶角处，有一明显黑斑；后翅中室有一明显的眼状斑。前后翅均有一条很明显的波状横线，并与外缘基本平行。

②卵。初产卵鲜绿色，后渐变为灰白色，常附有米黄色花纹。椭圆形，两端略平，顶端有一明显的小黑点。长径2.2～2.5 mm，短径1.2～1.5 mm，排列不整齐。

③幼虫。胸腹部共10节，足8对。初孵幼虫腹部呈黄色或灰白色，具黑线；头部与体背黑色；体背有白色毛束。3龄后逐渐变成浅绿色，6—7龄转为绿色。各龄期体背每节均附有先为黄绿色后变成白色的毛囊两对，着生于4个瘤上。除尾节外，每节两侧下方有一直立的眼状蓝色椭圆斑。老熟幼虫体背毛囊连成整齐的毛带，体长100～120 mm，宽10～15 mm。

④茧。初为银白色，后渐变成褐色。椭圆形，长50～55 mm，宽20～25 mm。茧壳具孔，孔形不规则。茧丝质粗，表面光滑无毛，革质。茧后端具开放孔。

⑤蛹。长38～44 mm，宽13～17 mm。复眼棕色凹陷。附肢及分节清晰，尤其是第5、6、7腹节，具3条棕色带。腹节两边下侧各着生一个椭圆形的棕色斑。羽化前，蛹由黄色变为褐色（图3-32）。

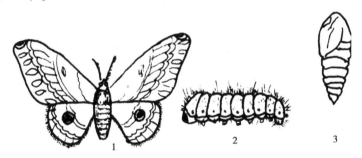

图 3-32　银杏大蚕蛾
1—成虫；2—幼虫；3—蛹

3.生活史及生活习性

银杏大蚕蛾1年1代，以卵越冬。卵期延续到次年5月中旬，中旬起孵化成幼虫。幼虫一般7龄，少有8龄。每个龄期约1周，整个幼虫期约60 d。7月中旬起化蛹，蛹期约40 d，9月上旬见成虫。成虫期约10 d。在南方，银杏大蚕蛾的卵于3月底到4月初开始孵化，但蛹期稍长，一般6月初已见化蛹，一直到8月底、9月初才羽化、交尾、产卵。往北，各期略向后推迟。

银杏大蚕蛾大多于傍晚羽化。刚羽化时，蛾体周身潮湿，翅紧贴体壁，1～2 s后即能飞翔。一般羽化后4～12 s内交尾。交尾时，雌蛾静伏不动，雄蛾以尾部与雌蛾相接，雌雄蛾头部各置相反方向，成一字形静伏于树干上，时间长达16～24 s，这时即使有人触动也不分离。交尾后很快产卵。雌蛾在10 d内可产卵3～4次，共有250～400粒。卵集中成块，或单层排列，多产于背风向阳的老龄树的树干离地1～3 m的表皮裂缝内或凹陷处。幼虫孵化不整齐。一般阳坡早于阴坡，前后可以相差半个月之多。孵化后1 s内，多聚集在卵块附近，以后即上树取食。3龄前喜群集，4龄后逐渐分散。一般于白天取食。在南方，中午日照强烈时，幼虫有向下转移以避高温的习性。幼虫食叶量大，一头6龄幼虫，4 s内可食银杏叶250 mg。各龄幼虫蜕皮的时间不等。蜕皮前，体色增深，食量减退，不爱活动，腹足附有丝状物粘着于小枝。蜕皮后体毛多，体色鲜艳，头壳、足和毛瘤呈黄色。经1～2 h头壳即转变为黑色，体积可比蜕皮前增长一倍左右。老熟幼虫可在树上或树下结茧。

4.防治方法

①灯光诱杀。利用成虫的趋光性，在成虫羽化盛期（9月上中旬），用黑光灯诱杀，效果甚好。

②摘卵块。根据其产卵地点选择性强、卵期长、卵块集中并易于清除的特点，在银杏大蚕蛾大发生时，组织人力清除卵块。

③药剂防治。银杏大蚕蛾幼虫3龄前抵抗力弱，并有群集性的特点，及时喷施90%的敌百虫1 500～2 000倍液或25%灭幼脲500倍液，杀虫效果可达100%。也可使用1.2%苦·烟乳油植物杀虫剂。

④生物防治。银杏大蚕蛾天敌众多，如赤眼蜂、柞蚕绒茧蜂等。注意保护天敌，产卵期后人工释放赤眼蜂等，可以使80%以上的卵块消灭于孵化之前。

四、任务评价

本任务评价表如表3-13所示。

表 3-13　银杏病虫害防治任务评价表

工作任务清单	完成情况
会正确识别银杏干枯病、银杏早期黄化病等常见病害的症状	
会依据病害的侵染循环特点制订合理的防治方案	
会正确识别银杏大蚕蛾等常见的银杏害虫	
会依据害虫的生物学特性制订合理的防治方案	

任务二　枣树病虫害防治

一、任务验收标准

①会正确识别枣疯病等常见的枣树病害的症状。

②会依据病害的侵染循环特点制订合理的防治方案。

③会正确识别枣尺蠖等常见的枣树害虫。

④会依据害虫的生物学特性制订合理的防治方案。

二、任务完成条件

枣疯病等常见的银杏病害的实物标本与病原菌玻片标本；枣尺蠖等的针插标本及被害状标本或生活史。

按组配备体视显微镜、生物显微镜、镊子、解剖针、尺子等。

三、任务实施

我国已知枣树害虫种类有180多种，病害20多种。由于各个枣区的自然条件、栽培制度与生产条件不同，病虫害的发生为害情况也各有异同，其种类分布及发生为害程度随海拔地势、温湿度和降雨量以及栽培管理技术水平等的变化而变化。

北方枣区，海拔1 300 m以上栽植的枣树虫害很少，未发现有桃小食心虫的为害，而湿度大、温度高、海拔低的地方，枣树上害虫种类多，而且为害也重。如低洼地、水浇地桃小食心虫为害十分严重，虫果率常高达80%左右。同时严重发生枣步曲、枣黏虫、食芽象甲、枣龟蜡蚧、枣锈壁虱等害虫。

南方枣区主要发生为害的害虫则为叶螨类、枣绮夜蛾、枣黏虫和蛀干性的天牛类、蠹蛾类等。

枣疯病、枣锈病在全国各地均有发生，其中枣疯病为枣树的一大毁灭性病害。

（一）枣疯病

枣疯病别称"公枣树""枣树扫帚病"。

1.分布与为害

此病在全国枣区均有发生，个别地区发生普遍且严重。枣疯病是枣树上的一种毁灭性病害。

2.症状

枣疯病的症状主要表现是花变叶和芽的不正常萌发，构成枝叶丛生，过冬也不易脱落。因为枣树染病后，花退化畸变，花柄延长，花蕾变小，花萼花瓣变成小叶。新枝叶细小丛生。出现花叶，叶皱缩。果实发病，着色不匀，表面有红色条纹及小斑点，或为花脸型。内部组织空虚，不能食用（图3-33）。

图3-33　枣疯病

1—病枝，示叶片丛生、变小和褪绿；

2—受害之花器转变成叶片；　3—病果皱缩变形

3.病原

Mycoplasma-like organism经电镜观察在叶脉筛管细胞中见到形态不一的类菌质体（MLO）大小80～720 nm，在成熟的类菌质体颗粒中，清晰可见核酸类纤维状物质。

4.发病规律

枣树发病时，一般先在部分枝或根蘖上表现症状，然后扩及全树，由于芽的不断萌发，无节制地抽生病枝且又生长不良，大量消耗营养，终使枝条以至全株死亡。一般枣苗小树从发病至枯死1～3年，大树3～6年即枯死，树越健壮，树冠越大，死亡过程越慢。在同株上，主干下部的枝条发病早于上部、枝条顶部。发病主干和大枝的当年生枝条或萌芽以及根蘖发病严重。据观察，各种嫁接方法均能传病，嫁接后，病潜育期最短25 d，最长可达382 d。病原物侵入树体后，先下行至根部，经过增殖才能向上运行，引起树冠发病。研究认为，花粉、种子、疯叶汁液和土壤是不传病的。病树和健树的根系自然靠近或新刨病树坑立即栽植枣树也都不传病。在自然界，中国拟菱纹叶蝉、橙带拟菱纹叶蝉和红闪小叶蝉，为自然传病的媒介。1986年河北农业大学植物保护系的齐秋锁等研究指出：①病树健枝不存有枣疯病病原类菌质体。②病树地上部树体内的类菌质体随枣树落叶进入冬季休眠而逐渐减少，越冬初期基本消失，类菌质体随枣树落叶进入冬季休眠而逐渐减少，越冬初期基本消失，类菌质体不能在地上部树体内越冬。③病树根部终年带菌，枣疯病病原类菌质体可以在根部越冬。④次年地上部发病，是由根部越冬后的类菌质体春季随根部营养物质上行，重新感染新形成的有功能的筛管细胞所致。

5.防治方法

目前，对枣疯病的防治尚无行之有效的成功经验，但根据现有的经验，提出以下几项措施供参考。

①健株育苗。最好不从有病的枣园中采取接穗、接芽或分根进行繁殖，要培育无病苗。在苗圃中一旦发现病苗，应立即拔掉烧毁。

②枣区应勤加检查。一旦发现整株的疯株，应立即连根刨除，以铲除病原，控制其蔓延。刨除疯树后可在原处补种无病苗，因土壤不能传染枣疯病。

③手术疗法和注射抗生素相结合。对有健枝和病枝的病树，可采用下列方法，在枣树发芽前，在疯枣树的主干基部离地面30 cm左右的地方用手锯环锯树干一周，深达木质部，尤其在病枝一侧一定要锯透。然后向上每隔15 cm左右再环锯2～3周。同时用直径1 cm的手扳麻花钻在第一圈下方的病枝一侧，钻1～2个小洞，注入四环素、土霉素、氯霉素、5 mL的1～2支，然后用木塞塞住孔洞，以杀死通过韧皮部由根向上运行的类菌质体，并在6—7月注入上述抗生素2～3次，可抑制疯枝扩展，当年可正常结果。在7—8月枣疯病盛发期，一旦发现初发病的小病枝，就将病枝着生的大枝从根部砍断，即"疯小枝去大枝"。因病原物向下运行较慢速度并不一致，如病原物向下运行尚未达到砍断的部分，就可治愈，如已越过砍分枝就无效了。

④减少或消灭传毒媒介。有可能的条件下，清除枣园附近的杂草，注意枣园卫生，以减少传毒媒介昆虫的发生及越冬场所。同时结合喷药治虫，降低叶蝉类对枣疯病的传播和葛延。

（二）枣尺蠖

枣尺蠖别称枣步曲、枣尺蛾，属于鳞翅目尺蛾科。

1.分布与为害

枣尺蠖北方枣区发生普遍且为害严重。枣尺蠖以幼虫为害枣树芽、叶、花，严重年份能将全树叶片及花蕾吃光，造成大幅度减产，并影响翌年坐果，是枣树的主要害虫之一。枣尺蠖还为害苹果、梨、桃等树种。

2.形态特征

①成虫。雌蛾体长16～20 mm，身体肥胖，无翅，全体鼠灰色。触角丝状，有胸足3对，腹部末端具灰色绒毛1丛。雄蛾体长10～15 mm，翅展约25～30 mm，体生灰褐色鳞毛。触角羽毛状，褐色，前翅有黑色波状横纹2条，后翅有波状横纹1条，其内有黑色斑点1个。

②卵。扁圆形，径长0.8～1.0 mm，数十至百余粒聚集成块，初产淡绿色，表面光滑

有光泽，后转为灰黄色，孵化前呈暗黑色。

③幼虫。共5龄，1龄幼虫体长约2 mm，黑色，有5条白色横纹。2龄体深绿色，体上有7条白色纵纹。3～5龄有13～25条灰白与黑色相间的纵条纹。老熟时体长为37～40 mm，胸足3对，腹足和臀足各1对。

④蛹。纺锤形，红褐色有光泽，雌蛹长14～19 mm，触角纹痕丝状。雄蛹长约10 mm，触角纹痕羽状（图3-34）。

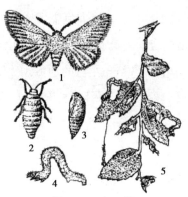

图3-34　枣尺蠖
1—雄成虫；2—雌成虫；3—蛹；
4—幼虫；5—为害状

3.生活史及习性

枣尺蠖在我国枣区均1年1代，极少数2年1代。以蛹在树冠下入土越冬越夏。翌年3月下旬至4月上旬，当"柳树发芽，榆树开花"之际，或"杏初花"之时，成虫开始羽化出土。4月中下旬，"苹果展叶、枣树萌芽"之时，成虫羽化出土进入盛期。5月上中旬"杏花落、榆钱散"之时，成虫羽化出土为末期。羽化出土期长达50多天，田间落卵初期在4月上旬，盛期在4月中下旬，末期在5月上中旬。4月下旬卵开始孵化，正值枣树萌芽展叶期。5月上中旬，枣树已经展叶，苹果正在落花，田间卵孵化盛期。5月下旬，枣树初花，苹果坐果期为卵孵化末期。幼虫老熟后即入土化蛹越夏、越冬，5月中下旬至6月中旬结束。

成虫羽化后，雄蛾飞到枝干主枝阴面静伏，雌蛾先在土表潜伏，傍晚大量出土爬行上树。成虫羽化后当日或次日交尾，交尾后当日或次日产卵，第2～3 d为产卵高峰，每头雌蛾产卵1 000粒左右，卵产于枣树主干、主枝粗皮裂缝内，卵期为22 d。初孵幼虫出壳后，迅速爬行，具有明显向上、向高爬行、遇惊吐丝下垂随风飘荡的习性。1头幼虫平均食叶150片，食枣花559个，1～3龄幼虫为害轻，4～5龄为暴食阶段，其食量占幼虫期总食量的90%以上，防治此虫时一定要消灭幼虫在3龄前或3龄阶段，幼虫期为32～39 d，幼虫入土化蛹前1~2 d，喜欢静伏于枝上或树干背风蔽日之处栖息，午间常拉直体躯静伏，不受惊扰很少爬动，此时为捉拿老熟幼虫的良好时机。

4.防治方法

枣尺蠖是暴食性害虫，其防治策略应以阻止雌蛾及初孵幼虫上树为主，树上喷药杀死3龄前幼虫为辅。

（1）树下防治

在枣尺蠖成虫羽化出土前，于树干基部绑8~10 cm宽的塑料薄膜一圈，接头处用钉书针固定或塑料胶粘合，要求塑料薄膜与树干紧贴，无缝隙，若有空隙，可用湿土填实，塑料薄膜的下缘用土压实，为防治的第一个关键环节。在地上卵块即将孵化前，在塑料带上缘涂一圈由黄油10份，机油5份，50%1605农药1份混配而成的粘虫药膏，可全部粘杀上树幼虫，为防治的第二个关键环节，可达到树上不打药即可控制枣尺蠖为害的效果。

（2）树上防治

没有及时采用上述措施，或者还有遗漏的枣尺蠖在树上为害，可在枣树芽长到3 cm时喷药。如果需要喷第二次药，可在枣树芽长到5~8 cm时喷施，或者直接检查树上为害的幼虫，根据龄期选定打药时机。"初见1龄不用急，幼虫孵化不整齐。进入2龄虫子多，此时打药最适宜。3龄幼虫食量增，突击打药不放松。4龄、5龄属漏网，人工捉拿消灭净。"虫龄越大，为害性越强，抗药性也越强，防治效果变差。因此，应掌握和区别不同龄期幼虫的形态差别，重点放在防治2龄幼虫。常用药剂和浓度如下；2.5%溴氰菊酯4 000倍液；20%杀灭菊酯3 000倍液；50%辛硫磷乳油2 000倍液；50%1605乳油2 000倍液；90%敌百虫 1 000倍液；2.5%功夫乳油1 000倍液。

四、任务评价

本任务评价表如表3-14所示。

表3-14 "银杏病虫害防治"任务评价表

工作任务清单	完成情况
会正确识别枣疯病等常见枣树病害的症状	
会依据病害的侵染循环特点制订合理的防治方案	
会正确识别枣尺蠖等常见枣树害虫	
会依据害虫的生物学特性制订合理的防治方案	

任务三 核桃病虫害防治

一、任务验收标准

①会正确识别核桃黑斑病等常见核桃病害的症状。

②会依据病害的侵染循环特点制订合理的防治方案。

③会正确识别核桃举肢蛾等常见核桃害虫。

④会依据害虫的生物学特性制订合理的防治方案。

二、任务完成条件

核桃黑斑病等常见的银杏病害的实物标本与病原菌玻片标本；核桃举肢蛾等的针插标本及被害状标本或生活史。

按组配备体视显微镜、生物显微镜、镊子、解剖针、尺子等。

三、任务实施

我国核桃分布很广，按自然区域分为三大主要产区，黄河中下游山区（包括秦岭、伏牛山、太行山和燕山山区），面积最大，产量最多，其次为云南、贵州、四川山区和新疆塔里木盆地。

已知核桃病害有30种，害虫有120种，其中主要的病虫种类有：果实病害，炭疽病；叶、梢病害，核桃细菌性黑斑病、核桃褐斑病；叶部病害，白粉病、灰斑病、粉霉病；枝干病害，核桃枝枯病、核桃烂皮病、核桃干腐病；根部病害，核桃根腐病。

其中核桃黑斑病是分布很广的主要病害，核桃枝枯病为常见的枝部病害。核桃根腐病在湖南、江西、安徽等省为害较重。核桃烂皮病在新疆地区株发病率达75%以上。核桃干腐病主要分布于南方地区。核桃炭疽病南北均有发生，一般病果率达40%～60%，也可为害叶片。

①蛀果害虫。核桃举肢蛾、桃核果象甲、核桃长足象。

②枝干害虫。山核桃刻蚜、核桃小吉丁、黄须球小蠹、蒙古木蠹蛾、皱绿橘天牛、云斑天牛、刺吸类、草履蚧、球蚧。

③食叶害虫。木橑尺蠖、核桃缀叶螟、核桃瘤蛾、山核桃舟蛾、天蚕蛾、蓑蛾、刺蛾、金龟类等。

其中核桃举肢蛾为核桃生产的一大害虫。木橑尺蠖为分布较广、为害严重的一种大食叶害虫。

（一）核桃黑斑病

核桃黑斑病又称黑腐病。

1.分布与为害

核桃黑斑病分布于河北、山东、辽宁、河南、山西、陕西、安徽、甘肃、浙江等地，特别是近十几年来引进新疆核桃，此病发生较严重。据调查，山东泰安地区引进新疆核桃，发病率甚高，造成早期落果，严重影响核桃的产量和质量，苗期叶片受害比大树重，病苗率往往高达100%。

2.症状

黑腐病主要为害幼果、叶片，也可为害嫩枝、幼果染病，果面生褐色小斑点，边缘不明显，后成片变黑深达果肉，致整个核桃及核桃仁全部变黑或腐烂脱落。近成熟果实染病后，先局部在外果皮，后波及中果皮，致果皮病部脱落，内果皮外露，核仁完好。叶片染病，先在叶脉上呈现近圆形或多角形小褐斑，扩展后相互愈合，病斑外围生水渍状晕圈，后期少数穿孔，病叶皱缩畸形（图3-35）。

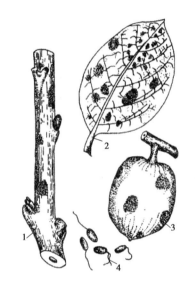

图 3-35 核桃黑斑病

1—病枝；2—病叶；3—病果；4—病原细菌

3.病原

Xanthomonas campestrie juglandis Pierce Dye，异名*Xanthomonas juglandis* Pierce Dowson，称黄单胞菌属的甘蓝黑腐黄单胞菌核黑斑致病型，属细菌菌体短杆状，大小（1.3～3.0）pm×（0.3～0.5）pm，端生1鞭毛，格兰氏染色阴性，在牛肉汁葡萄糖琼脂斜面划线培养，菌落突起，生长旺盛，光滑不透明具光泽，淡柠檬黄色，具黏性，生长适温28～32 ℃，最高37 ℃、最低5 ℃。53～55 ℃经10 min致死。适应pH5.2～10.5，pH6～8最合适。

4.发病规律

病原细菌在枝梢或芽内越冬，翌年泌出细菌液借风传播，从气孔、皮孔、蜜腺及伤口侵入，引起叶、果或嫩枝染病。在组织幼嫩，气孔开张，表面潮湿时，对细菌侵入幼果极为有利，病菌的潜伏期多为10~15 d。

核桃黑斑病的发生期较早，安徽、河南、山东等地一般在5月中下旬即开始发生，6—7月为发病盛期。辽宁一般于6月发生，8月病斑扩展较快。

核桃黑斑病的发病轻重与温度关系比较密切，在雨后病害常迅速蔓延，夏季多雨发病重。树冠稠密，通风透光不良，定植密度过大都易引起发病。在品种方面，当地核桃品种较抗病，内地引进的新疆核桃感病较重。核桃生育期与发病也有关，一般在核桃花展叶期至开花期最易染病，以后抗病力逐渐增加。

5.防治方法

①育抗病品种目前对病菌引起的病害还较难控制，应把选育抗病品种作为防治的重要途径，选优时要把抗病性作为主要标准之一。

②特别是新发展的核桃栽培区，要禁止病苗定植以免护展蔓延。

③加强栽培管理增施有机肥料，促使树体健康生长，提高树体的抗病力。

④清除病源结合修剪，剪除病枝梢及病果，并拾净地面落果，集中烧毁，以减少果园中病菌来源。

⑤药剂防治核桃展叶时及落花后喷下列药剂：（0.5~1）：200倍式波尔多液、72%农用链霉素可溶性粉剂4 000倍液、40万单位青霉素钾盐兑水稀释成5 000倍液。

（二）核桃举肢蛾

学名：*Atrijuglans hetauhei* Yang；别名：核桃黑。属于鳞翅目举肢蛾科。

1.分布与为害

核桃举肢蛾在我国华北、西北、中南、西南等地都有分布，为害也很严重。以幼虫在核桃青皮里纵横蛀食，使青皮变黑或皱缩。幼虫若早期钻入硬壳内蛀食则核桃仁枯干，后期蛀入果仁发育不良。有的蛀果柄，破坏维管束组织，造成早期落果。在为害严重地区，果实被害率达90%以上，严重影响了核桃的产量和品质。

2.形态特征

①成虫。体长4~7 mm，翅展12~15 mm。黑褐色有光泽，腹面银白色。狭长披针状，缘毛长；前翅端部1/3处有1个半月形白斑，后缘基部1/3处有1个小白斑，后足长，栖息时向后侧上方举起，故称核桃举肢蛾。

②卵。长圆形，初产乳白渐黄白，孵化前为红褐色。

③幼虫。体长7.5～9 mm，头黄褐至暗褐色，胴部淡黄褐色，背面微红，前脑盾和胸足黄褐色。腹足趾钩单序环状，臀足趾钩为单序横带，各节有白色刚毛。

④蛹。长4～7 mm，宽2～3 mm，黄褐色，纺锤形。

⑤茧。褐色，近椭圆形，长8～10 mm，宽3～5 mm，在较宽的一端有一"线形"的羽化孔，并有白色丝状物缀合。茧外常有土粒和草末（图3-36）。

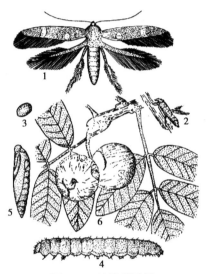

图3-35 核桃举肢蛾
1—成虫；2—成虫休止状；3—卵；
4—幼虫；5—蛹；6—被害状

3.生活史及习性

河北、山西1年发生1代，北京、陕西及四川1年发生1～2代，河南1年发生2代，均以老熟幼虫于树冠下土中或杂草中结茧越冬，少数可在干基皮缝中越冬。1代区翌年6月上旬至7月下旬化蛹，蛹期7 d左右，6月下旬至7月上旬为越冬代成虫盛发期，幼虫在6月中旬开始为害，蛀入核桃青皮内，蛀道内充满虫类，脱果盛期在7月下旬至8月上旬，末期在9月底。脱果幼虫在树冠下隐蔽，多数在土壤层与杂草交界处松软的土内结茧越冬。成虫多在下午羽化，爬行速度很快，并能跳跃，飞翔能达7～10 m。产卵多在18：00—20：00，卵大部分产在两果相接的缝隙内，其次产生萼洼、梗洼或叶柄上。每果可产卵3～4粒。每头雌虫可产卵39～40粒，卵期约为5 d。幼虫孵化后，在果面爬行1～3 h，然后蛀入果实，纵横食害，使果肉呈隧道，并把粪便排在其中，蛀孔处流出透明或琥珀色水珠。幼虫期为害果实，由于内果皮硬化，幼虫只能为害中果皮，使果变黑成为典型的"核桃黑"。

一般情况下，阴坡比阳坡发生重，沟里比沟外重，农田为害轻，荒沟荒坡为害重，天气潮湿，多雨年份比干旱少雨年份发生重，尤其6月份降雨量的增加，使土壤潮湿，有利于成虫出土羽化。

4.防治方法

核桃举肢蛾的防治方法简称为"刨树盘，拾虫果，树上打"。

①深刨树盘。据山西灵丘县调查，一些百年生核桃树由于长期放弃管理举肢蛾发生严重，同时树上产生大量枯枝，产量下降。而农耕田的核桃树长势好，举肢蛾为害轻。因此，荒沟荒坡种植的核桃树，应大力提倡果农在秋季深翻树盘。此法不仅对核桃树的生长十分有利，还可消灭部分越冬幼虫茧。

②拾摘虫果。管理精细的果园，在有条件的情况下，如果发现虫果，在幼虫脱果前及时摘掉，与落地虫果一起捡拾，集中深埋。

③化学防治。为害严重的果园，可在成虫羽化盛期树上喷洒下列药剂：2.5%的敌杀死乳油5 000倍液、5%功夫乳油5 000倍液、20%速灭杀丁乳油3 000倍液、20%灭扫利乳油5 000倍液。

喷药时要求采用淋洗式，不重不漏，重点喷在果实上，一次喷药好果率即可达90%以上。如果喷药后发现树上还有成虫，可在10 d后再喷1次。

四、任务评价

本任务评价表如表3-15所示。

表 3-15 核桃病虫害防治任务评价表

工作任务清单	完成情况
会正确识别核桃黑斑病等常见核桃病害的症状	
会依据病害的侵染循环特点制订合理的防治方案	
会正确识别核桃举肢蛾等常见核桃害虫	
会依据害虫的生物学特性制订合理的防治方案	

参考文献

［1］ 刘永齐.经济林病虫害防治［M］.北京：中国林业出版社，2001.

［2］ 关继东.林业有害生物控制技术［M］.北京：中国林业出版社，2007.

［3］ 关继东.森林病虫害防治［M］.北京：高等教育出版社，2011.

［4］ 国家林业局森林病虫害防治总站.林业有害生物防治历（一）［M］.北京：中国林业出版社，2010.

［5］ 国家林业局森林病虫害防治总站.中国林业生物灾害防治战略［M］.北京：中国林业出版社，2009.

［6］ 张灿峰.林业有害生物防治药剂药械使用指南［M］.北京：中国林业出版社，2010.

［7］ 国家林业局森林病虫害防治总站.林用药剂药械使用技术手册［M］.北京：中国林业出版社，2008.

［8］ 宋玉双.论现代林业有害生物防治［J］.中国森林病虫，2010，29（4）：40-44.

［9］ 宋玉双.论林业有害生物的无公害防治［J］.中国森林病虫，2006，25（3）：41-44.

［10］ 杨春文，金建丽.我国林木鼠害治理对策及其原理［J］.中国森林病虫，2006，25（6）：39-42.

［11］ 关继东.浅谈植物病虫害防治原理的内容体系［J］.中国森林病虫，2012，31（4）：18-20.

［12］ 陈年春.农药生物测定技术［M］.北京：北京农业大学出版社，1991.

［13］ 费有春，徐映明.农药问答［M］.3版.北京：化学工业出版社，1997.

［14］ 韩崇选.农林啮齿动物灾害环境修复与安全诊断［M］.咸阳：西北农林科技大学出版社，2004.

［15］ 韩熹莱.农药概论［M］.北京：中国农业大学出版社，1995.

［16］ 叶钟音.现代农药应用技术全书［M］.北京：农业出版社，2002.

［17］ 华南农学院.植物化学保护［M］.北京：农业出版社，1983.

［18］华南农学院.植物化学保护［M］.北京：农业出版社，1983.

［19］黄国洋.农药实验技术与评价方法［M］.北京：中国农业出版社，2000.

［20］黄建中.农田杂草抗药性［M］.北京：中国农业出版社，1995.

［21］黄彰欣.植物化学保护实验指导［M］.北京：中国农业出版社，1993.

［22］慕立义.植物化学保护研究方法［M］.北京：中国农业出版社，1994.

［23］黄晓萱，新农药科学使用手册［M］.南昌：江西科学技术出版社，2000.

［24］孔志明.环境毒理学［M］.4版.南京：南京大学出版社，2008.

［25］李坚.木材保护学［M］.北京：科学出版社，2006.

［26］徐国淦.病虫鼠害熏蒸及其他处理实用技术［M］.北京：中国农业出版社，2005.

［27］林孔勋.杀菌剂毒理学［M］.北京：中国农业出版社，1995.

［28］刘长令.世界农药大全：杀菌剂卷［M］.北京：化学工业出版社，2006.

［29］苗建才.林木化学保护［M］.哈尔滨：东北林业大学出版社，1990.